Shibuya, the city keeps transforming towards the future.

変わり続ける！

シブヤ系まちづくり

渋谷未来デザイン
編・著

工作舎

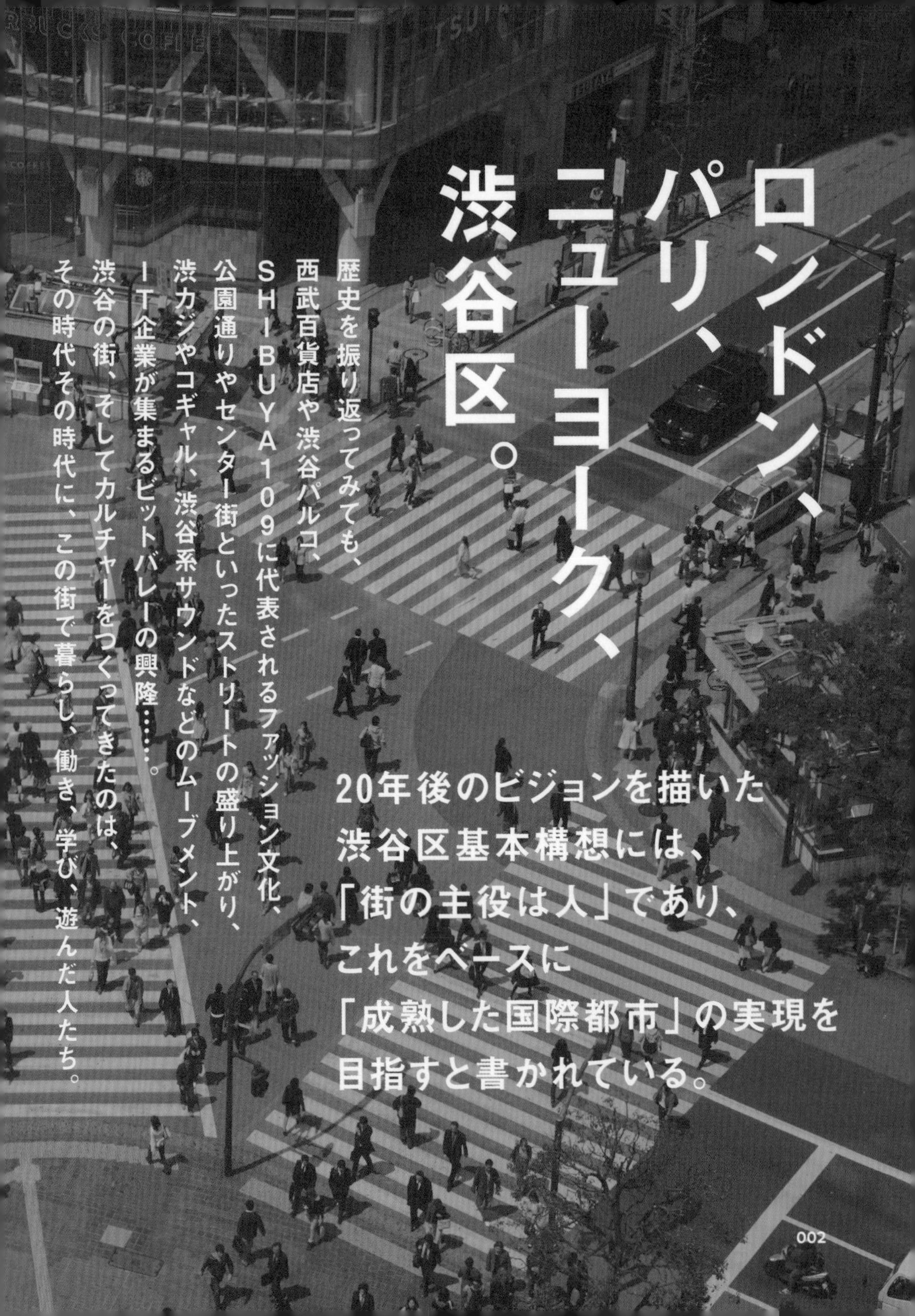

ロンドン、
パリ、
ニューヨーク、
渋谷区。

歴史を振り返ってみても、
西武百貨店や渋谷パルコ、
SHIBUYA109に代表されるファッション文化、
公園通りやセンター街といったストリートの盛り上がり、
渋カジやコギャル、渋谷系サウンドなどのムーブメント、
IT企業が集まるビットバレーの興隆……。
渋谷の街、そしてカルチャーをつくってきたのは、
その時代その時代に、この街で暮らし、働き、学び、遊んだ人たち。

20年後のビジョンを描いた
渋谷区基本構想には、
「街の主役は人」であり、
これをベースに
「成熟した国際都市」の実現を
目指すと書かれている。

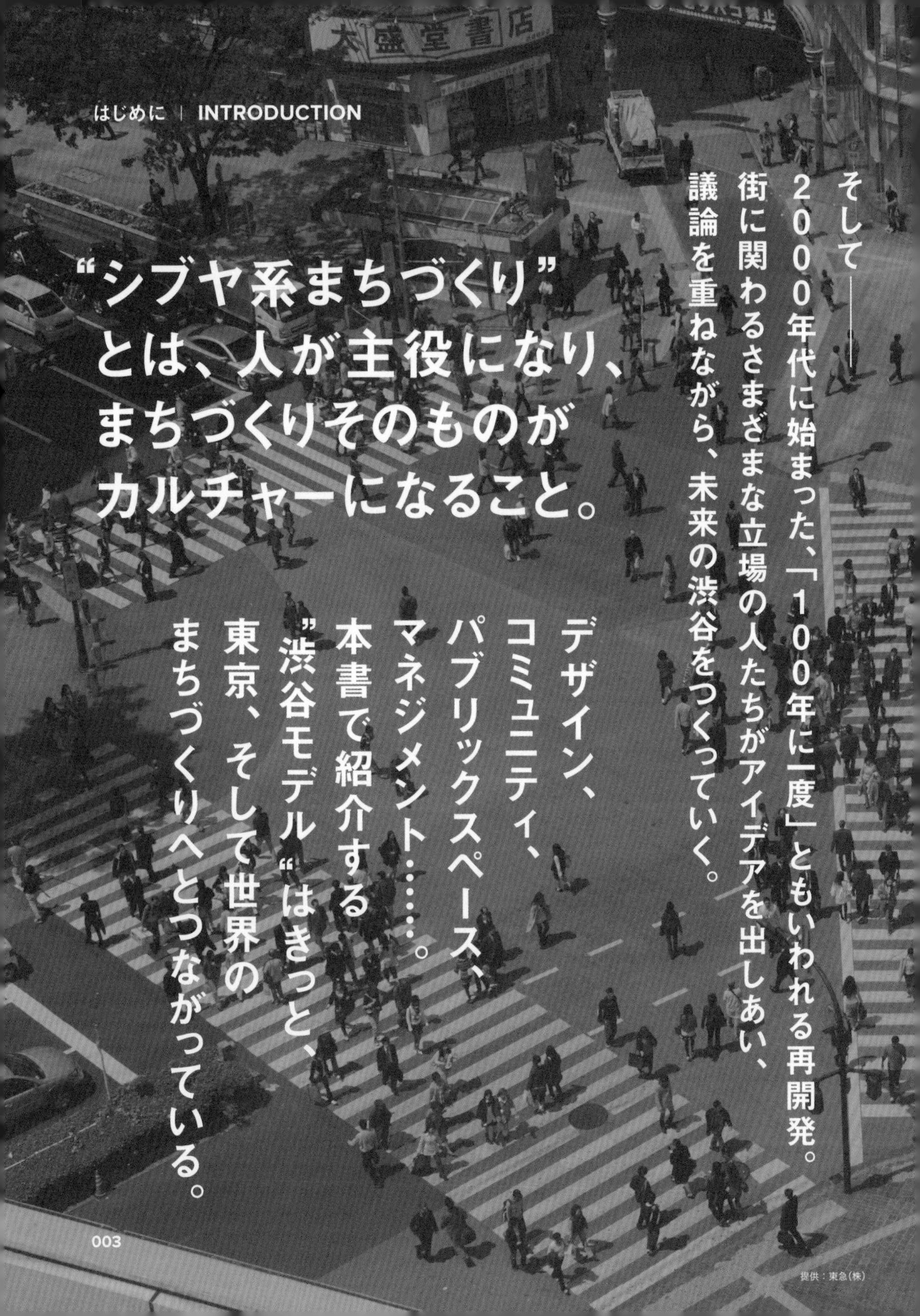

“シブヤ系まちづくり”とは、人が主役になり、まちづくりそのものがカルチャーになること。

そして――
2000年代に始まった、「100年に一度」ともいわれる再開発。
街に関わるさまざまな立場の人たちがアイデアを出しあい、
議論を重ねながら、未来の渋谷をつくっていく。

デザイン、
コミュニティ、
パブリックスペース、
マネジメント……。
本書で紹介する
”渋谷モデル“はきっと、
東京、そして世界の
まちづくりへとつながっている。

提供：東急(株)

はじめに 002

SHIBUYA CHRONICLE ……… 006

プロローグ ……… 012
なぜ、渋谷の再開発は「100年に一度」といわれるのか
駅や都市基盤の改良に、いくつもの開発が絡み合う
〝渋谷モデル〟のまちづくりは「人が主役」

第1章
渋谷とデザイン ……… 022
デザイン会議＝デザインコードではない
渋谷の街のアイデンティティ「アーバン・コア」
「ガイドライン型」から、
多様性を重視した「プロセス型」の景観ルールへ

TALK—01 ……… 036
アーバン・コアでつなぐ、
「人の動き」と「街の多様性」

TALK—02 ……… 048
渋谷スクランブルスクエアから考える
〝街を面白くする〟再開発

第2章
渋谷とコミュニティ ……… 062
行政や事業者、地元の人たち…… みんなでつくるプロジェクト型
ボトムアップ型まちづくりの代表例「渋谷中央街」
「渋谷未来デザイン」という新たなまちづくりの実験場

TALK—03 ……… 076
渋谷駅周辺の〝まちづくり〟のこれまで、そしてこれから

TALK—04 ……… 088
地域と再開発が、深く連携したまちづくり

COLUMN 01 ……… 098
地域やコミュニティと開発が有機的につながる
渋谷駅南西側エリアのまちづくり

目次 | CONTENTS

第3章
渋谷とパブリックスペース ……… 104
渋谷川沿いと高架跡地を開発した「日本版ハイライン」
公共空間と商業施設が一体となった「MIYASHITA PARK」「渋谷パルコ」
都市計画をストリートレベルに落としたプロジェクト

TALK―05 ……… 118
開発から生まれた新しい居場所、
渋谷川再生と渋谷リバーストリート

TALK―06 ……… 130
2つの〝公園〟から見えてくる、
パブリックスペースと商業の新しい関係

COLUMN 02 ……… 140
地域連携と収益性を両立する
新しい公園モデルを目指して
渋谷区立北谷公園

第4章
渋谷とマネジメント ……… 146
「100年に一度」の開発が、スムーズに進んだ理由
工事をしている最中から情報発信を続けていく
屋外広告の規制緩和と〝渋谷らしさ〟

TALK―07 ……… 162
9つの事業者が組んだ〝チーム渋谷〟による工事調整と広報活動

TALK―08 ……… 174
エリアマネジメントが描く、新しい渋谷のつくり方

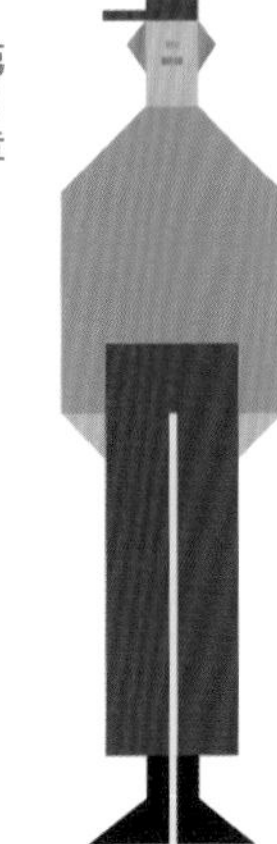

第5章
渋谷と未来 ……… 186
渋谷未来デザインというプラットフォームは、
なぜ生まれたか
観光資源であり、イノベーションの
きっかけになる都市フェス「SIW」
産学官民が連携した、渋谷らしいプロジェクトを

TALK―09 ……… 200
渋谷を、多様性あふれる
世界最前線の実験都市に

SPECIAL TALK ……… 212
長谷部健区長に聞く
変わり続ける渋谷と未来とまちづくり

あとがき ……… 218
多様なまち「渋谷」の未来デザイン

プロジェクトデータ ……… 220

写真クレジット・
図版出典・参考文献 ……… 222

SHIBUYA CHRONICLE

第二次世界大戦後から現在に至るまで、
変わり続ける渋谷。時代ごとに街を彩ってきた
人々やカルチャーを、写真とともに振り返る。

1

写真提供：共同通信社

提供：東急(株) 撮影：赤石定次

1. 東京五輪期間中の渋谷駅周辺(1964年)。**2.** 東横百貨店屋上と玉電ビルを結ぶゴンドラ「ひばり号」(1952年)。**3.** 東横百貨店と東急文化会館(1956年)。**4.** 5年ぶりに渋谷駅前に復活した忠犬ハチ公像の除幕式(1948年)。

P.006／P.007背景 提供：東急(株)

提供：東急(株)

写真：Rodrigo Reyes Marin/アフロ

1. スクランブル交差点とSHIBUYA109（1991年）。**2.** 90年代のガングロを再現したカフェ（2015年）。**3.** 渋カジの若者であふれるセンター街（1992年）。**4.** ルーズソックスがブームに（2001年）。**5.** 公園通りがファッションの発信地に（1979年）。

P.008／P.009背景 提供：東急（株）

SHIBUYA CHRONICLE

写真：読売新聞/アフロ 3

写真：読売新聞/アフロ 4

©朝日新聞社/アマナイメージズ 5

P.010／P.011背景 提供：東急(株)

写真：毎日新聞社/アフロ

写真：読売新聞/アフロ

1. 渋谷ストリーム 稲荷橋広場と渋谷川(2019年)。**2.** 渋谷ヒカリエのアーバン・コア(2012年)。**3.** MIYASHITA PARK 渋谷区立宮下公園の芝生ひろば(2020年)。**4.** スクランブル交差点のカウントダウン(2020年)。**5.** 渋谷盆踊り大会(2017年)。

プロローグ

１日約３３０万人もの乗降客が行き交う世界有数の巨大ターミナル、渋谷。そんな渋谷の街は今、「１００年に一度」ともいわれる再開発の真っただ中にいる。

渋谷が現在のようなターミナルへと変わるきっかけとなったのは、１８８５年、日本鉄道品川線（現ＪＲ山手線）の開通に伴い、渋谷駅が開業したことにさかのぼる。そして、１９０７年には玉川電気鉄道玉川線（のちの東急田園都市線の一部）、１９２７年には東京横浜電鉄（現 東急東横線）、さらに第二次世界大戦前には井の頭線、地下鉄銀座線が開業した。

戦後すぐの渋谷は、駅前や道玄坂に闇市や露天が立ち並ぶ庶民の街だったが、アメリカ軍宿舎「ワシントンハイツ」の竣工、東急文化会館の開業などによって、沿線の開発とともに徐々ににぎわいを見せていく。

街を大きく変えたのは、１９６４年に開催された東京オリンピック。国道２４６号が整備され区画整理が進んだほか、ＮＨＫ放送センター、国立代々木競技場などが建設され、文化都市として歩み始める。

60年代には、西武百貨店や東急プラザ、70年代には

SHIBUYA HISTORY

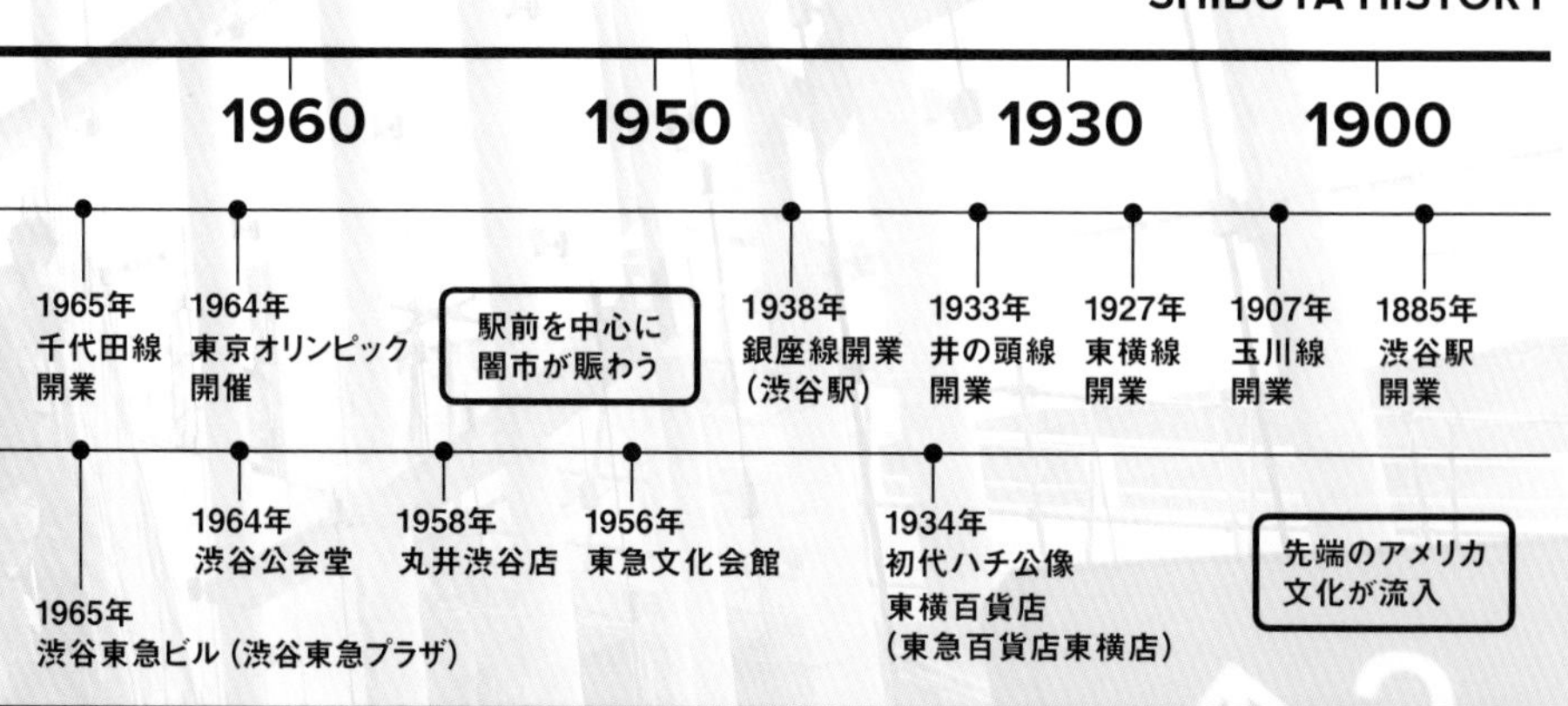

渋谷パルコや渋谷マルイ、SHIBUYA109といった商業施設が次々とオープン。公園通りの盛り上がりとともにファッションと若者の街へとイメージを変えていく。そして、80年代にはチーマーや渋カジ、90年代にはSHIBUYA109を中心としたコギャル文化、渋谷系サウンドといった数々のブームを生み出していった。

さまざまな文化を発信する一方で、2000年代に入ると、大規模オフィスとホテルがなかった街に、渋谷マークシティとセルリアンタワーが開業。インターネット関連のベンチャー企業が集まり「ビットバレー」と呼ばれるなど、クリエイティブコンテンツを生み出す街へと変わっていった。

こうした歴史を踏まえたうえで、100年に一度の再開発が始まった経緯や、渋谷のまちづくりのこれまでについて、簡単に振り返ってみたい。

なぜ、渋谷の再開発は「100年に一度」といわれるのか

「渋谷の街は、いつ行っても工事をしている」。そんな印象を持つ人も多いだろう。それもそのはず、ひと

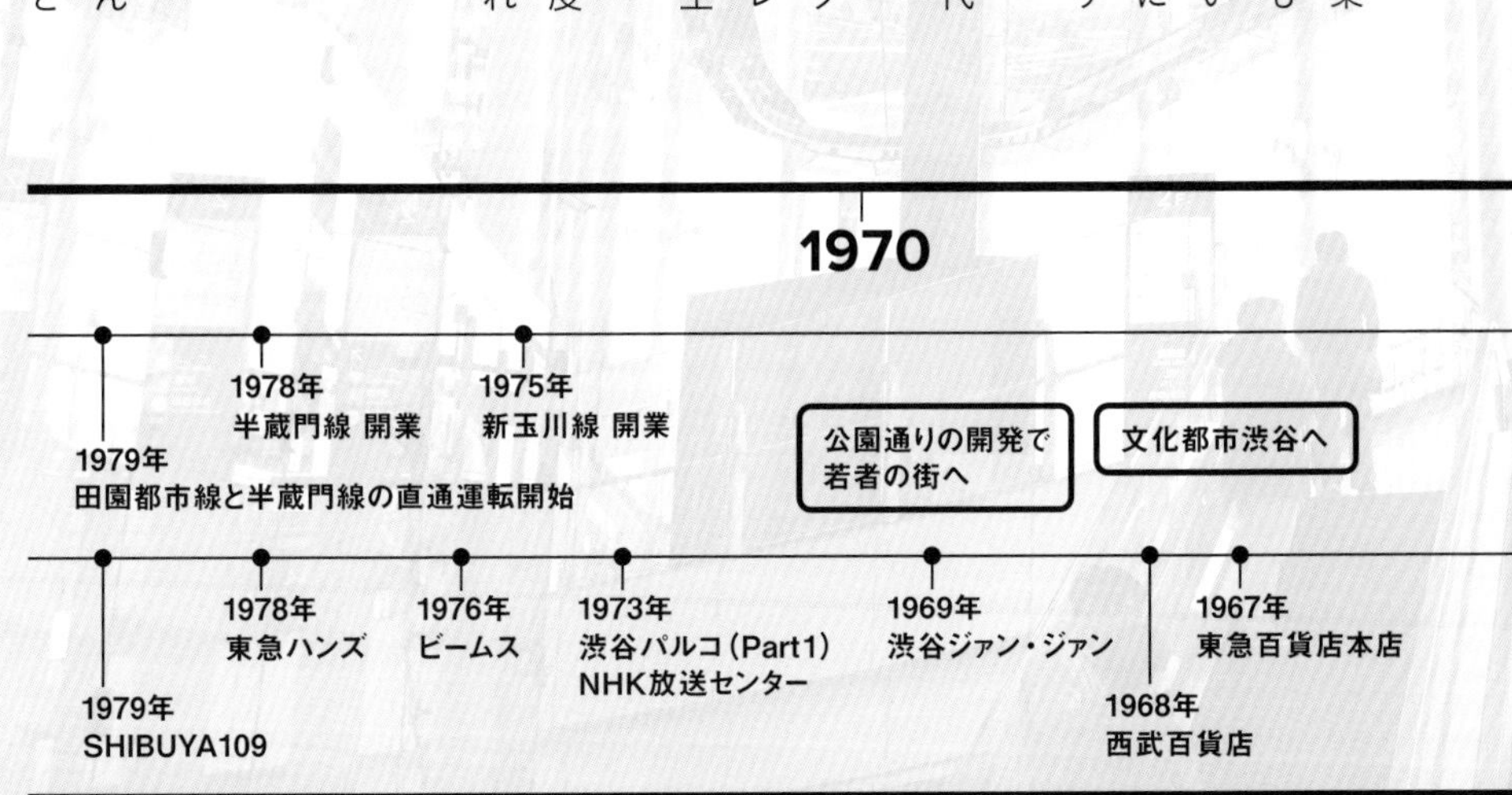

つの街の中で、これほど多くの開発が同時進行で行われるケースは世界のどの都市を見てもないものだ。

渋谷駅周辺だけでも、2012年には東急文化会館跡地に渋谷ヒカリエが、2018年には旧東横線渋谷駅のホームや線路などの跡地に渋谷ストリームが、2019年には駅に直結した渋谷スクランブルスクエア第Ⅰ期（東棟）や、東急プラザ跡地に渋谷フクラスが開業。さらに2023年度の開業を目指して工事が進められている渋谷駅桜丘口地区、2027年度開業予定の渋谷スクランブルスクエア第Ⅱ期（中央棟・西棟）を加えた「5街区」の開発が行われている。

ほかにも、駅から少し離れたエリアには渋谷キャスト（2017年）や渋谷ブリッジ（2018年）、渋谷ソラスタ（2019年）、新渋谷パルコ（2019年）が開業。公共施設に目を向けても、渋谷区役所が新庁舎に移転（2019年）したほか、渋谷区立宮下公園（MIYASHITA PARK／2020年）、渋谷区立北谷公園（2021年）などが次々オープンしている。

これらの大規模なビル開発だけでなく、東京メトロ副都心線の新設や、東急東横線、JR各線の改良、駅前広場の改変……。鉄道と都市基盤と建築、三位一

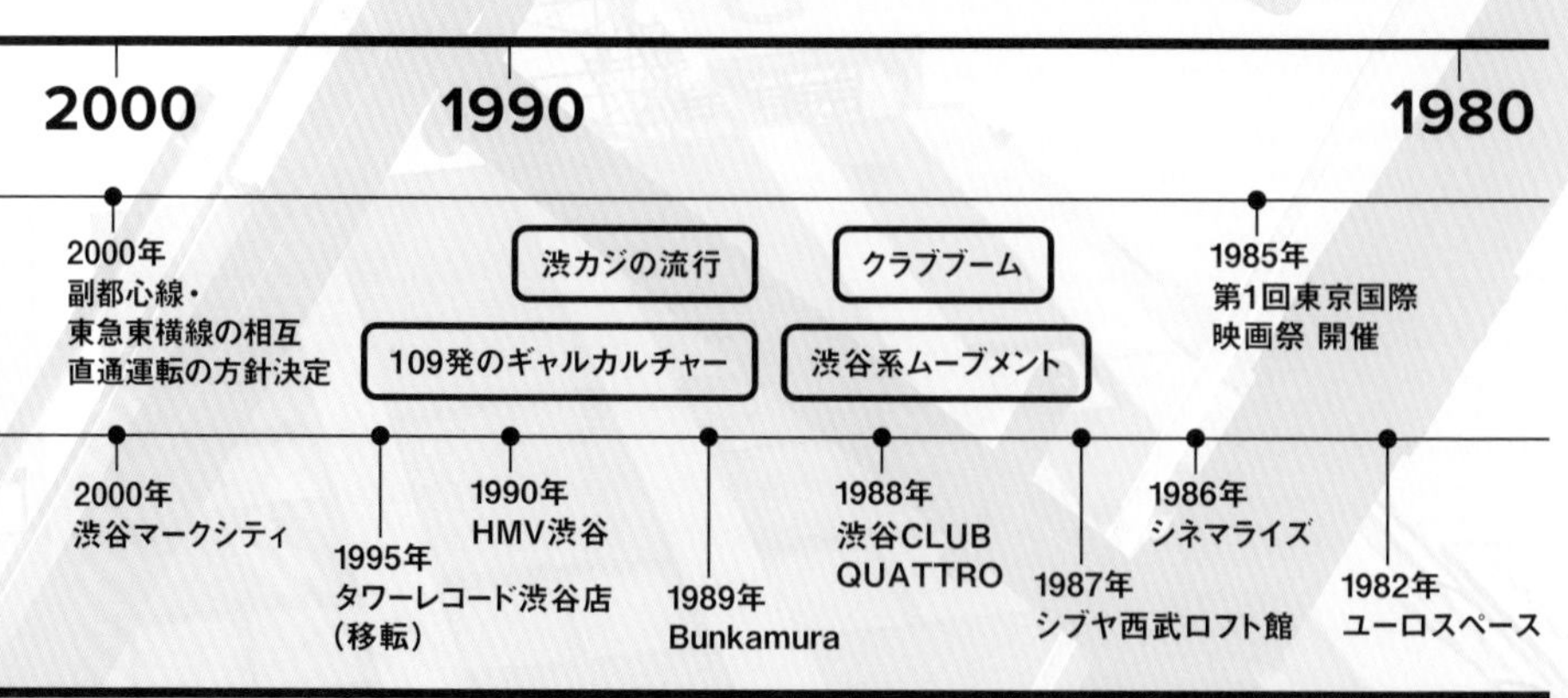

体のまちづくりが進められている。渋谷ヒカリエが着工した2009年から現在まで、街の至るところで同時多発的に開発が進み、変わり続けている。それこそが、渋谷の再開発が「100年に一度」といわれる理由なのだ。しかも、この再開発はまだ中間地点を過ぎたところで、今後は東西駅前広場の整備をはじめ、2027年度の渋谷スクランブルスクエア第II期(中央棟・西棟)開業まで続いていく。

歴史を見てもわかるとおり、渋谷の街の成り立ちは、鉄道をはじめ、さまざまな文化や産業と深く関わっている。東京横浜電鉄(現 東急東横線)が渋谷駅に乗り入れを始めたのが1927年。それから100年の節目の年に、100年に一度の再開発は、いよいよ完成を迎えることになるのだ。

駅や都市基盤の改良に、いくつもの開発が絡み合う

渋谷再開発のターニングポイントとなったのは2000年、JR山手線の混雑解消を目指した工事の着工や、地下鉄13号線(東京メトロ副都心線)と東急

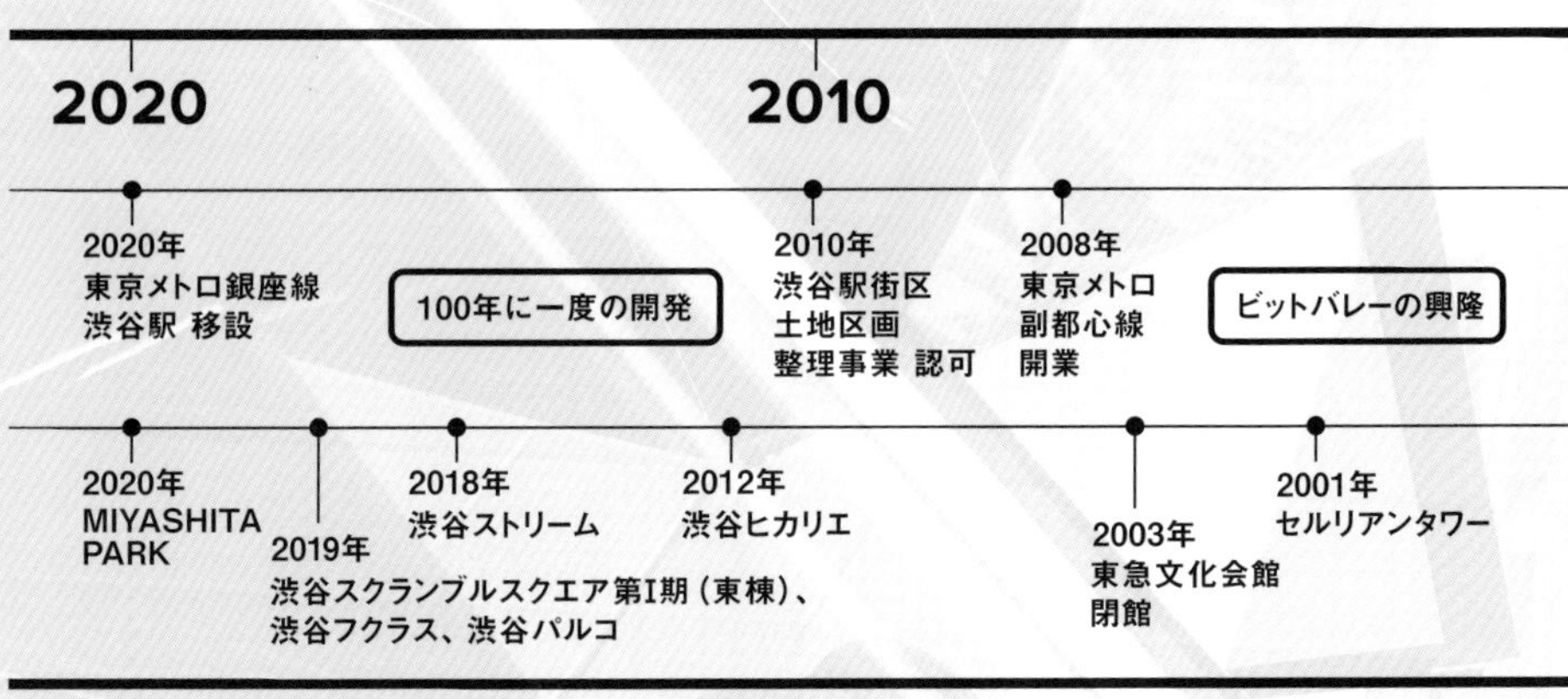

東横線の相互直通運転の方針が決定したこと。

それに伴い、東急東横線の渋谷駅は明治通りの地下へと移転することが確定し、地下4階レベルの駅の建設にあたって、隣接する東急文化会館は工事ヤードに。100年に一度の再開発のスタートとなる渋谷ヒカリエの開発事業、さらに東急東横線の地下化によって生まれる跡地の活用を含めた検討が本格化していくことになった。

そもそも、戦後約30年が過ぎた頃から、渋谷駅には根本的な改良が必要だという声があった。1977年には玉川線が地下化し、田園都市線が開通、翌年から半蔵門線との相互直通運転を開始したほか、1996年には貨物線ホーム跡地にJR埼京線が開通。複数の鉄道駅の増設によって、乗り換えがわかりにくく、上下の移動にストレスを伴う構造となっていた。さらに、JR山手線内外にアプローチする西口と東口のバス路線も飽和状態で、スクランブル交差点や渋谷駅ハチ公広場には人があふれ、鉄道によって街が分断され、回遊性が損なわれてしまっていた。

駅の改良以外にも、渋谷の都市基盤には大きな問題があった。渋谷は名前のとおり谷の底にあり、台風の際には集中豪雨などによる冠水リスクを抱えていたこと。また、東京オリンピックの際に建設された国道246号は、上には首都高速、下にはJR線が走っているため改良が難しいこと……。

こうしたさまざまな問題を解決するために、渋谷区は委員会を組織し、2003年に「渋谷駅周辺整備ガイドプラン21」を発表。2005年には渋谷駅周辺地域が、都市再生の拠点として開発・整備を推進すべき「都市再生緊急整備地域」の指定を受け、2006年には、座長を森地茂氏(政策研究大学院大学名誉教授)、副座長を内藤廣氏(建築家・東京大学名誉教授)、岸井隆幸氏(日本大学特任教授)が務める検討会が組織された。2007年には「渋谷駅中心地区まちづくりガイドライン2007」を策定。都市回廊を創出して歩ける街にすること、渋谷の谷地形を活かした環境をつくること、さらに文化情報の発信や、地元の人を巻き込む「みんなで育てるまちづくり」などを定めている。

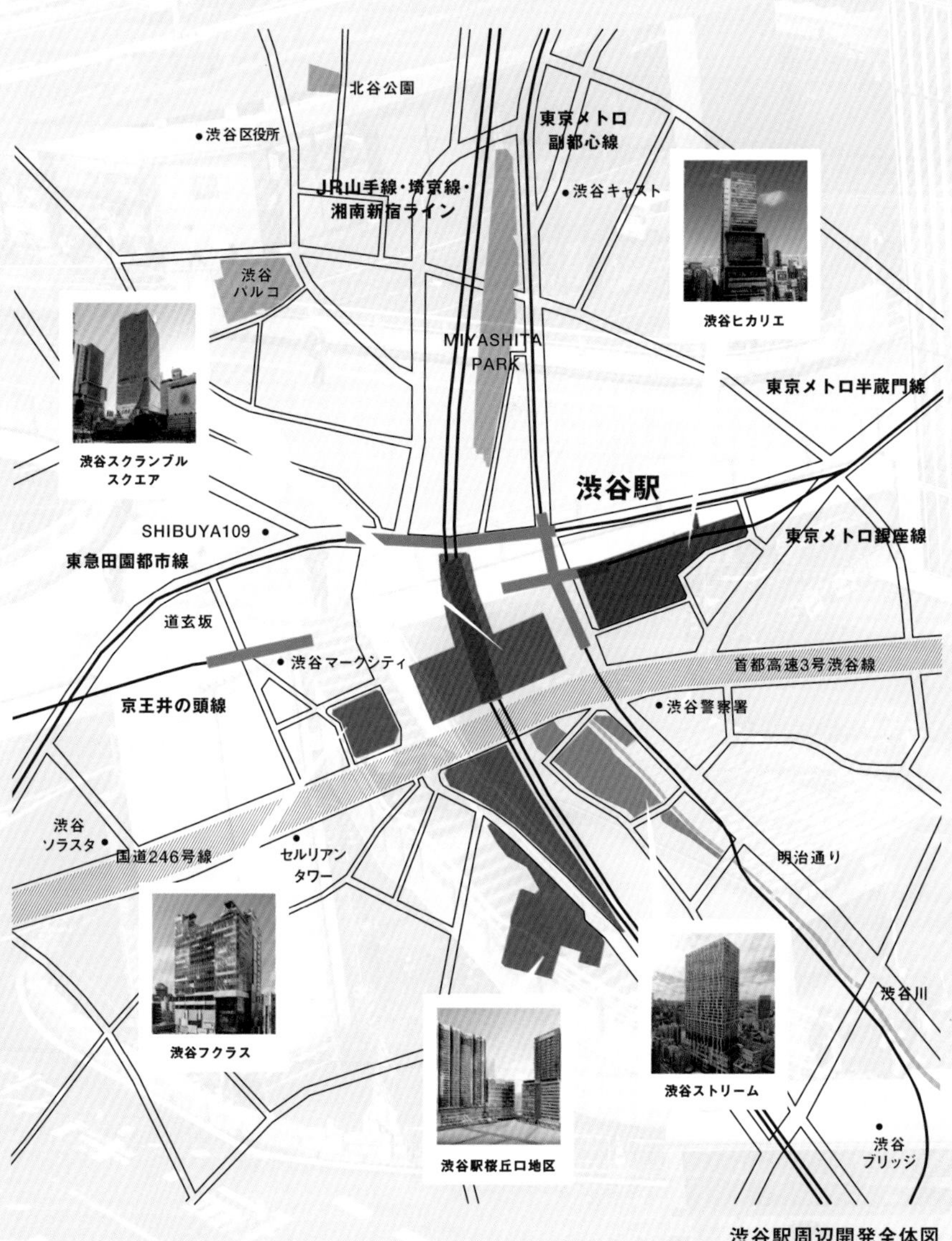
北谷公園
渋谷区役所
東京メトロ
副都心線
JR山手線・埼京線・
湘南新宿ライン
渋谷キャスト
渋谷
パルコ
渋谷ヒカリエ
MIYASHITA
PARK
東京メトロ半蔵門線
渋谷スクランブル
スクエア
渋谷駅
SHIBUYA109
東京メトロ銀座線
東急田園都市線
道玄坂
渋谷マークシティ
首都高速3号渋谷線
京王井の頭線
渋谷警察署
渋谷
ソラスタ
国道246号線
セルリアン
タワー
明治通り
渋谷フクラス
渋谷川
渋谷ストリーム
渋谷駅桜丘口地区
渋谷
ブリッジ
渋谷駅周辺開発全体図

また当時は、六本木ヒルズや東京ミッドタウンなどが相次いで開業し、渋谷からIT企業が流出。「このままでは渋谷はダメになってしまう」という危機感もあったという。

2009年には、前述した「ガイドライン2007」を具現化するため、「渋谷駅中心地区まちづくり検討会」を設置。2011年には「渋谷駅中心地区まちづくり調整会議」と形を変え、その成果は「渋谷駅中心地区まちづくり指針2010」、「渋谷駅中心地区基盤整備方針」(2012年)としてまとめられた。

駅の改良と都市基盤の整備をきっかけに起こった複数の再開発事業。これらの難題を解くためには、官民はもちろん地元も含めて、街全体が連携していく必要があった。そこで、本書の中でも詳しく触れている「渋谷駅中心地区デザイン会議」や「渋谷駅中心地区まちづくり調整会議」といった新たな組織体が生まれ、渋谷ならではのまちづくりへとつながっていくことになる。

“渋谷モデル”のまちづくりは「人が主役」

ここまで、100年に一度の再開発に至る歴史や経緯について振り返ってきた。しかし本書の目的は、渋谷再開発の全貌を明らかにすることではなく、再開発を通じて生まれた、新しいまちづくりのスタイルを提示するところにある。

本書の「はじめに」でも引用している「渋谷区基本構想」(2016年7月策定)には、渋谷のまちづくりについて、次のように記されている。

成熟した国際都市へと進化してゆくために、渋谷区は「ダイバーシティとインクルージョン」という考え方を大切にします。この地上に暮らす人々のあらゆる多様性(ダイバーシティ)を受け入れる

だけにとどまらず、その多様性をエネルギーへと変えてゆくこと(インクルージョン)。人種、性別、年齢、障害を超えて、渋谷区に集まるすべての人の力を、まちづくりの原動力にすること。つまり「街の主役は人」だというのが、この考え方の本質なのです。

(渋谷区基本構想　3基本構想のもとになる価値観　(2)渋谷区はどうやって向かうのか)

渋谷のまちづくりの最も大きな特徴は、「人が主役」だということ。行政、鉄道事業者、デベロッパー、学識専門家、設計事務所やデザイナー、施工者、インフラ事業者、地元町会や商店会など、さまざまなセクターを横断し、住む人、働く人、訪れる人など、多様な人たちとのコラボレーションによって進められていった。街では、「渋谷を再発見しよう」「ひとのまち渋谷へ」というメッセージが込められた「shibuya1000」をはじめ、さまざまなイベントや取り組みが同時多発的に生まれ始めた。ただビルを建てて終わるのではなく、常に変化を続け、今では「まちづくりそのものが、渋谷のカルチャー」ともいえるほどになっている。

本書では、そうしたまちづくりのプロセスを、〈デザイン〉〈コミュニティ〉〈パブリックスペース〉〈マネジメント〉〈未来〉という5つのキーワードで整理し、テーマ別の座談会形式で振り返っている。どのテーマにも共通しているのは、「渋谷らしさ」とは何か、という問い。

実際に、まちづくりに関わった人たちの言葉や熱い想いから、渋谷という街がどのようにつくられ、どこに向かっていこうとしているのかが読み取れるはず。そして、そこから生まれた〝渋谷モデル〟のまちづくりはきっと、日本、そして世界の都市へとつながっていくと信じている。

さあ、世界のどの街にもない、渋谷らしい、新しいまちづくりのストーリーを始めよう。

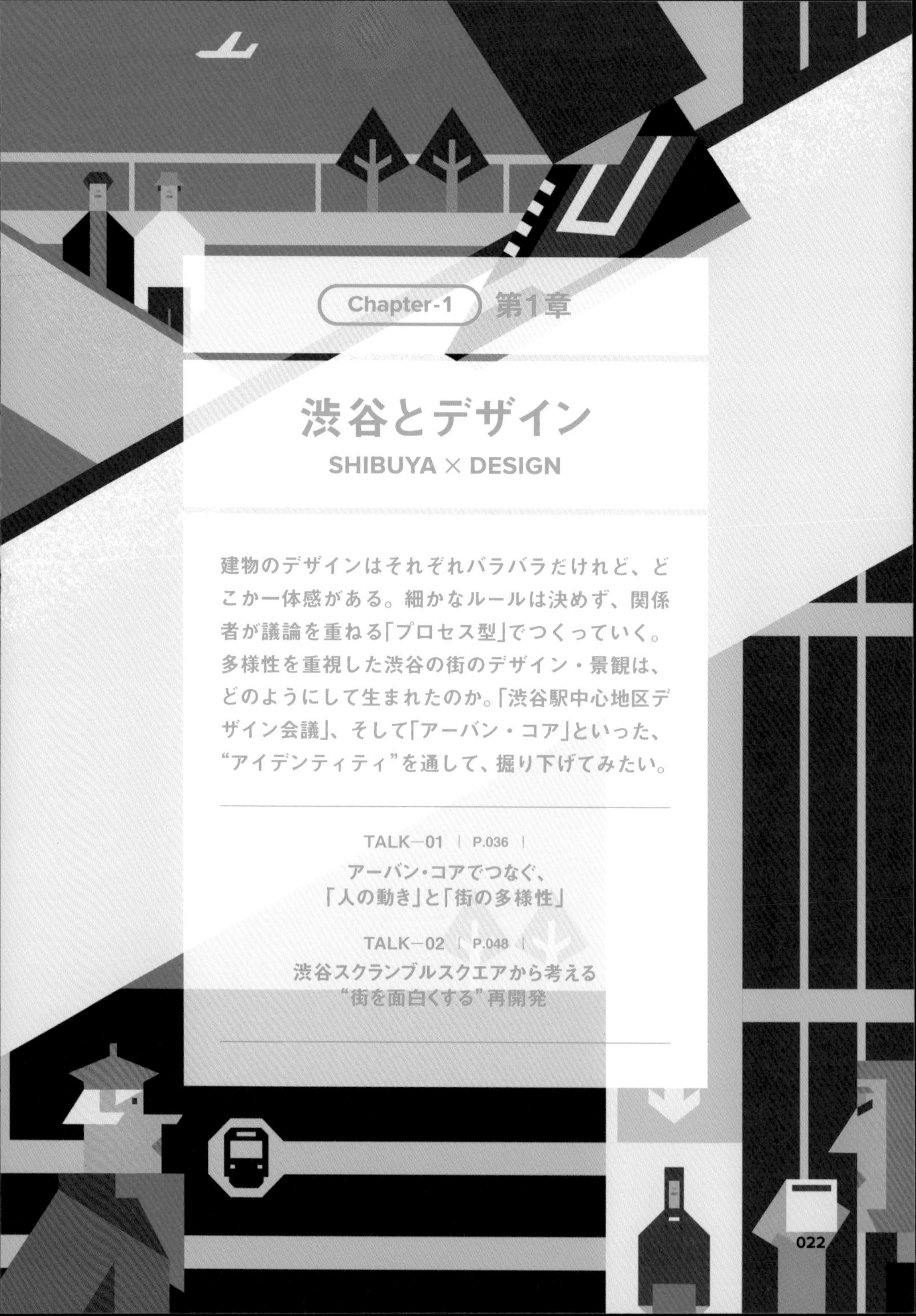

Chapter-1 第1章

渋谷とデザイン

SHIBUYA × DESIGN

建物のデザインはそれぞれバラバラだけれど、どこか一体感がある。細かなルールは決めず、関係者が議論を重ねる「プロセス型」でつくっていく。多様性を重視した渋谷の街のデザイン・景観は、どのようにして生まれたのか。「渋谷駅中心地区デザイン会議」、そして「アーバン・コア」といった、“アイデンティティ”を通して、掘り下げてみたい。

TALK—01 | P.036 |
アーバン・コアでつなぐ、
「人の動き」と「街の多様性」

TALK—02 | P.048 |
渋谷スクランブルスクエアから考える
“街を面白くする”再開発

第1章 ｜ 渋谷とデザイン ｜ SHIBUYA × DESIGN

渋谷ストリーム、渋谷スクランブルスクエア第Ⅰ期(東棟)、渋谷フクラス……。2018年から2019年にかけて、相次いで大規模複合施設&オフィスビルがオープンした渋谷で、最も変化が激しい駅周辺。同エリアは、景観・デザインという面においては、東京の中でもかなり特異な場所といっていいだろう。

というのも、渋谷駅中心地区は、東京都の景観地域ルール(特定区域景観形成指針)の指定地区にあたるから。都内でこのルールが適用されるのは、同地区と、歌舞伎町シネシティ広場周辺の2ヵ所のみ。大規模な建築物が複数計画される地域において、各事業者と地元自治体が協議を行うことで、独自の景観地域ルールを定めることができるとされている。そして、この独自の景観地域ルールを議論・決定し、運用していくための会議体が、2011年にスタートした「渋谷駅中心地区デザイン会議」(デザイン会議)だ。

駅中心地区の5街区のうち、デザイン会議設置前に計画された渋谷ヒカリエを除いた、渋谷スクランブルスクエア、渋谷ストリーム、渋谷フクラ

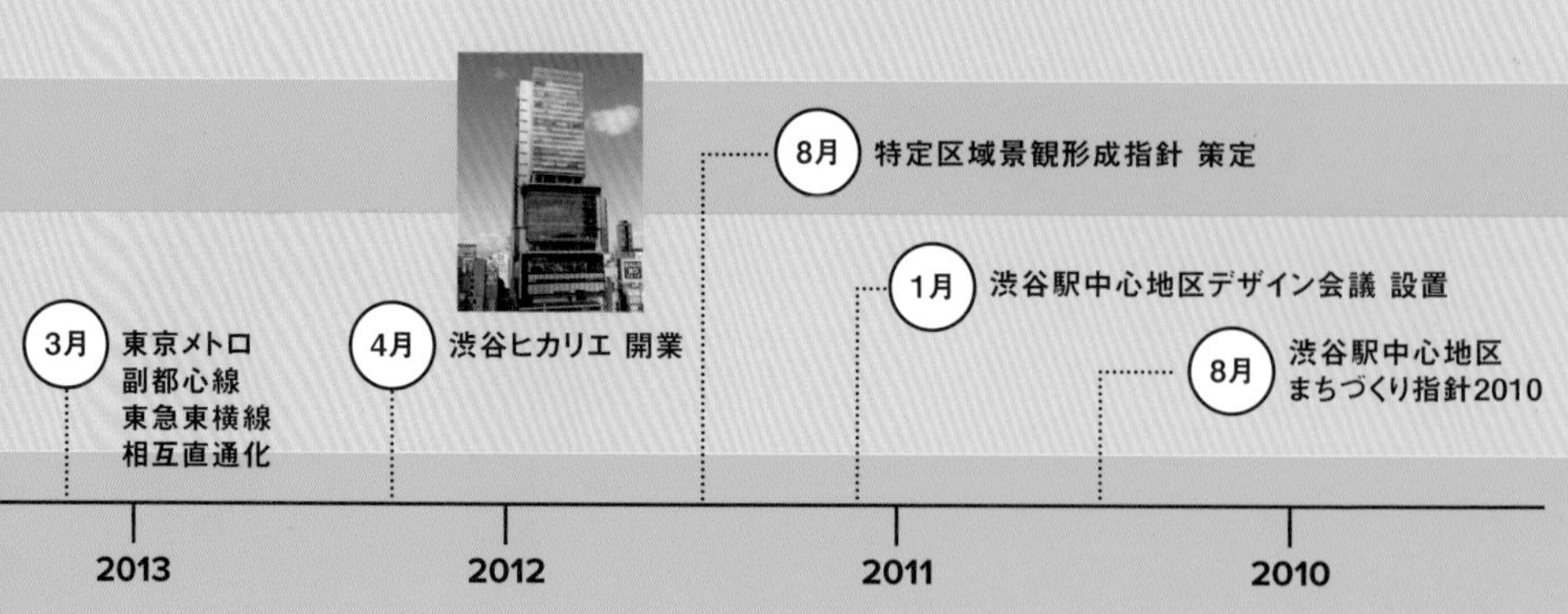

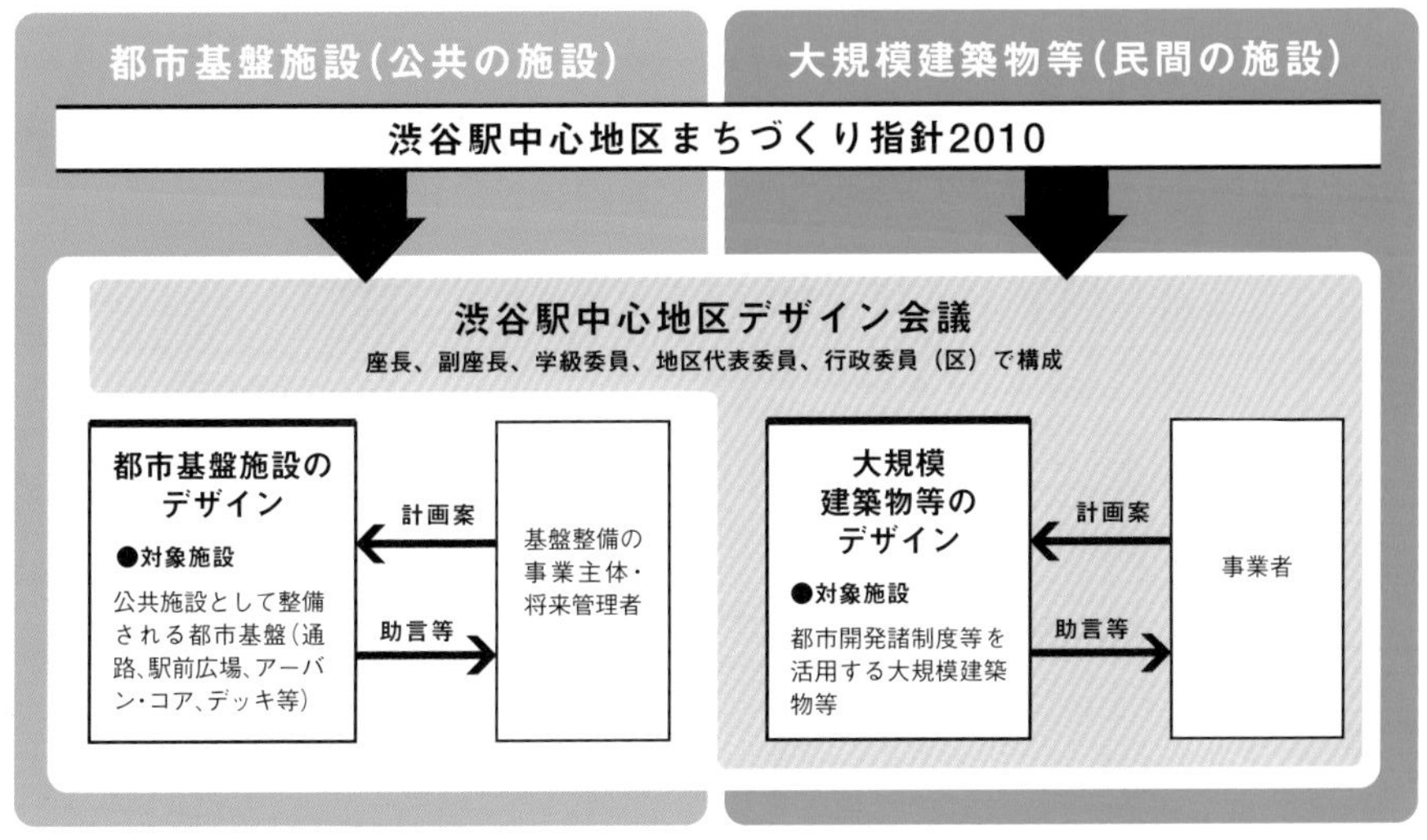

渋谷駅中心地区デザイン会議 体制図

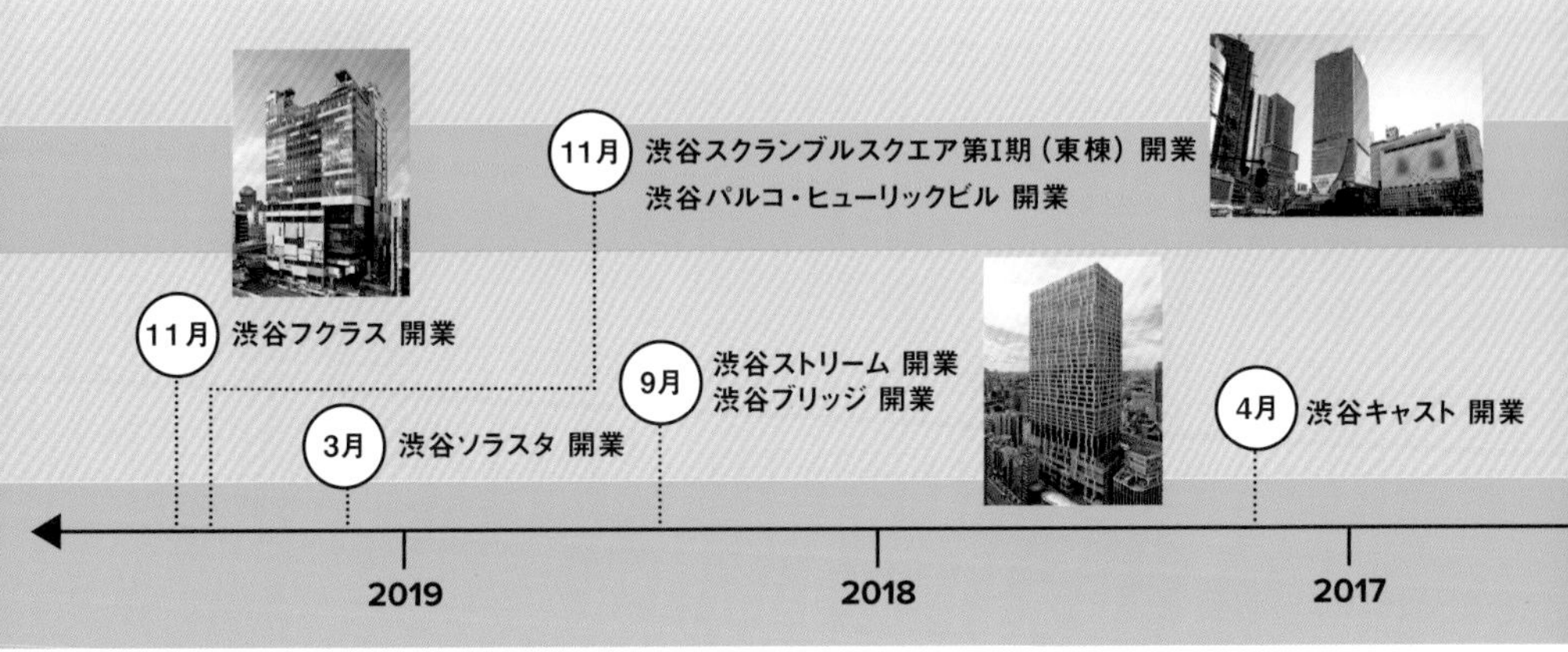

ス、そして2023年度に竣工予定の渋谷駅桜丘口地区の再開発はすべて、同会議の承認を経て計画されたものだ。

景観地域ルールがあることで、エリアの特性はもちろん、事業者や自治体の意向を反映したまちづくりがしやすくなるという意味においても、デザイン会議の果たす役割はとても大きい。

デザイン会議＝デザインコードではない

デザイン会議はそもそも、「渋谷駅中心地区まちづくり指針2010」に基づいて設置された機関で、都市計画の有識者である学識委員、地元代表委員(商店会・町会など)、行政委員(渋谷区)などから構成されている。

同指針の中では、その役割について「主要な都市整備施設(公共の施設)及び大規模建築物の景観・デザインの質的向上を目指し、各事業主体のデザイン検討案に関して、景観形成方針等との整合を確認するとともに、周辺地域との調和・連携について指導・助言・調整を行う」と定められている。

2011年から現在まで定期的に開催されており、毎回、各街区のデザインアーキテクトやデザインアドバイザー(DA)、設計者が、模型やパースなどを持ち寄ってプレゼンテーションを行う。そのテーマは「広場」や後述する「アーバン・コア」など都市基盤のデザインから、各建物の「ファサード」「頂部」「ホール」など多岐に渡っていて、委員と質疑応答を重ねる中でデザインを固めていくというのが基本的な流れとなっている。

たとえば、渋谷スクランブルスクエア第Ⅰ期(東棟)の頂部デザインは、最初はシンプルな白いボリュームだったが、デザイン会議において他街区との関係性や遠景について検討を重ねた結果、コーナーに向かって壁面にグラデーションを施した現在の形状に至っている。

SHIBUYA × DESIGN | PICK UP

渋谷スクランブルスクエア第I期（東棟）頂部デザインの変遷

それぞれのビルのデザインは、指針をベースに、
デザイン会議での議論を経て“渋谷らしい”デザインへと変化していく。

渋谷駅中心地区まちづくり指針2010

・群としての象徴性を備えたスカイラインの形成
・建物高層部は主要な眺望点からの群としての見え方に配慮し、一体性の取れた設えとする

デザイン会議の議論

・高層部分に関して他街区との関係性を検討すること
・建物群としての見え方（遠景）について、きちんと検討すること

● おのおのの方向に対して、特徴のあるコーナーを形成（中景）
● コーナーに向かって壁面にグラデーションを施し、全体の一体感・安定感を表すデザイン（中景）
● 全体は渋谷駅街区を中心に群としてのスカイラインを形成しその頂点を特徴的な設えとする（遠景）

「デザイン会議」という言葉だけを聞くと、多くの人は建物の高さや色について規制をしたり、見た目の意匠について議論したり、といったイメージを持つかもしれない。しかし、デザイン会議で議論されるのは、いわゆる形態的な「デザインコード」や、主観的なデザインの良し悪しといったものではない。

基準とされているのは、「渋谷駅中心地区 大規模建築物等に係る特定区域景観形成指針」として定められた以下の5項目となる。

①地区ごとに培われてきた自由で多様な都市デザインを継承しつつ、活力と品格ある景観を目指す。
②歴史観のある、変化に富んだ渋谷の谷地形により形成された多様な坂のにぎわいを活かした景観を形成する。
③渋谷川の水と緑の軸と連携した「まちのうるおい」を感じる景観を目指す。
④地上の歩行者を優先した、誰もが歩いて楽しい回遊空間を創る景観を目指す。
⑤情報発信のまちとして、世界の人々を惹きつける景観を目指す。

それぞれどういった観点に着目して、街として一体感を生み出すかという部分までしか言及されておらず、解釈はあくまで各街区のDAに委ねられているのが特徴。実際の会議でも、指針にあった(あるいは指針を超えた)提案となっているか、周囲の景観と調和しているかといった視点で議論が行われ、最終的には〝渋谷らしい〟個性が求められる。

ちなみに渋谷駅中心地区は、前述した東京都の景観地域ルール適用第1号のため、前例がまったくなかった。それゆえデザイン会議がスタートした当初は、そもそも「何をどこまで決めればよいのか」から議論が始まる、まさに手探りの状態。明快な基準があるわけでもなければ、「色はこうしなさい」「形はこうしなさい」という物理的なゴールもない。だからこそ、難しい。

こうした状況の中で、議論や調整を一つひとつ積み重ねて、正解を導くというのがデザイン会議のスタイル。本章の座談会（P36〜）に登場する設計者がみな、「とにかく大変だったが、その役割は大きかった」と口を揃えるのもうなずけるだろう。

渋谷の街のアイデンティティ「アーバン・コア」

2012年に開業した渋谷ヒカリエの構想段階に骨格ができあがり、その後デザイン会議でもたびたび議論のテーマとなっているのが「アーバン・コア」。駅を中心に谷地形となっていて、高低差がある渋谷の街の移動をスムーズにするために設けられたコンセプトだ。

渋谷のまちづくりの主要メンバーであり、デザイン会議の座長でもある内藤廣氏は、2008年のインタビューの中で、アーバン・コアについて次のように語っている。

「駅を中心に網目状に散っていく、この節目みたいなところにアーバン・コアというものをいくつか作って、それが渋谷のアイデンティティーの一つになっていく。20、30年経つと、渋谷に

渋谷駅中心地区デザイン会議

行くと、街はすごくごちゃごちゃしているんだけど、どこかに行こうと思ったら、アーバン・コアにたどり着けば、そこを経て、いろいろなところに行ける」（渋谷文化プロジェクトインタビューより）

当時は、100年に一度ともいわれる大規模開発の全体構想が見えつつあった時期。各街区の核となる場所（建物）にアーバン・コアを設け、地下と地上、デッキレベルをエスカレーターやエレベーターで結ぶ。そこに歩行者デッキなど水平方向の動線が組み合わされることで、駅と街の間のスムーズなつながりを確保するというコンセプトができあがった。

実際にアーバン・コアをデザインするにあたって重視されたのは、動線としての機能性はもちろん、その〝ランドマーク性〟だった。商業施設の中に、ただ普通のエスカレーターがあるだけでは、建物と一体化してしまってランドマークにはなりえない。特に渋谷の街には、大きな商業施設もあれば、小さな店が立ち並ぶ商店街や飲み屋街もあるように、エリアごとにカラーや個性が異なる。アーバン・コアも、各施設のみならず地域の「顔」になるべきだ、という意見があった。

また、単なる縦軸の動線ではなく、民間施設の中にパブリックな空間をつくるというのも大きなテーマ。アーバン・コアは、多くの人が集まり通過するパブリックな空間のため、建物からは切り離され、それ自体に〝異物感〟があることも求められた。こうしたコンセプトのとおり、たとえば、渋谷ヒカリエならSHIBUYA109のシリンダー形状に着想を得ながら地下3階から地上4階までを吹き抜けでつなぐ空間、また渋谷ストリームなら施設のキーカラーでもある鮮やかなイエローが使われるなど、そのデザインはさまざま。各街区の最も目立つ場所に設けられ、立ち入った瞬間に、自分が今どの場所にいるかがひと目でわかるような工夫が施されている。

アーバン・コアを起点とする各種動線が完成することで、明治通りや神宮通りを横断する駅の東西方向や、国道246号を挟んだ南北方向の分断などが大きく改善されるほか、将来的には、道玄坂

アーバン・コアの断面パース

の上から渋谷駅を抜けて青山方向まで、階段を上ったり下りたりすることなく、快適に移動できるようになる。こうした思想は、デザイン会議などを通じて各事業者や設計者、行政にも共有され、現在では「アーバン・コアがなければ渋谷ではない」と言われるほど定着している。

アーバン・コアのように統一されたコンセプトがある一方、建物の高層部分については自由というのも、渋谷のデザインの面白いところ。駅周辺にある渋谷ストリームと渋谷スクランブルスクエア、渋谷フクラスを並べても、それぞれまったく異なる素材や色を用いていることがわかるだろう。

アーバン・コアが貫く、地下から地上にかけての部分はパブリックな空間として、歩行者にもわかりやすく、かつそれぞれの街区をつなぐ共通の役割を持つ。しかし、それ以外の建物部分はプライベートな空間であり、多様性があったほうが渋谷らしい、というのが基本的な考え方。

同様に、各街区のＤＡについても、設計者とは別に選定が行われ、各街区・プロジェクトの個性が発揮されている。

「ガイドライン型」から、多様性を重視した「プロセス型」の景観ルールへ

渋谷の街のデザインについて、議論が始まったのは、渋谷ヒカリエの計画が走り出した２００７年頃のこと。当時から「渋谷にはガイドライン型のスタイルはなじまないのではないか」「いい意味でカオスなこの街を、ガイドラインでコントロールするのは難しいのではないか」という意見があったという。

たとえば皇居周辺の大丸有エリアは、首都・東京の風格ある景観をつくるため、詳細なガイドラインやマニュアルなどの基準を定め、事業者はその基準に基づいてデザイン・設計を行う「将来像事前明示型」の景観誘導を行っている。

それに対して渋谷は、建物や街区ごとに周辺環境を勘案し、デザインをブラッシュアップしていく「プロセス型」。大丸有が明快な景観像なら、渋谷は変化する景観像といえる。渋谷らしい多様性に富んだデザインを誘導するためには、細かな方針を決めすぎず、とにかく議論を重ねていこうという姿勢が、その後のデザイン会議へとつながっていった。

特に渋谷の場合は、複数街区の再開発が同時に進むうえ、駅や道路など基盤の整備が複雑に絡み合っている。また都市計画の段階では、各事業が正式決定しているわけではなく、変更される可

渋谷ストリームのアーバン・コア　©渋谷ストリーム

渋谷ヒカリエのアーバン・コア

能性もあるし、工期自体が長期にわたるため着工してから設計が変更されることも多い。そもそも段階的に議論をしなければ、意思決定をすること自体が難しいのだ。

アーバン・コアをはじめ統一されたコンセプトは守るけれど、個々のデザインについてはそれぞれの設計者が創意工夫を凝らして提案する、そしてデザイン会議の中で横並びで議論する。渋谷の多様性を象徴する「プロセス型の景観誘導」は、日本を代表するデザイナーや組織設計事務所、事業者や行政が一体となって生まれたものだ。

今後、都内の各主要駅をはじめ、高度経済成長期につくられた基盤の整備を伴う大規模な再開発が進む中では、デザイン会議をはじめとする渋谷のプロセス型のまちづくりが注目を集めることになるだろう。

デザイン会議は、駅中心地区内の大規模開発がすべて終わるまで変わらず続いていく。しかし、その中で議論される内容は、開発の状況や社会のトレンドに合わせて、柔軟に変化していくはず。それこそが、渋谷が選んだプロセス型のメリットであり、変わり続けることこそが、この街のアイデンティティなのだから。

渋谷では今日も、世界に誇る景観やデザインをつくるため、熱い議論が交わされている。

渋谷フクラスのアーバン・コア

渋谷スクランブルスクエアのアーバン・コア

地下と地上をひとつの動線で結ぶ上下移動の拠点として各街区に設置され、
渋谷のデザインのアイデンティティともいえる「アーバン・コア」。
2012年に開業し、再開発の嚆矢となった渋谷ヒカリエの設計者、日建設計の吉野繁さん、
2018年に旧東横線渋谷駅のホーム、線路跡地等に建てられた渋谷ストリームの
デザインアーキテクトを務めたCAtの赤松佳珠子さん、渋谷開発に長く関わる
日建設計の奥森清喜さんが語る、アーバン・コアを通して見えてくる新しい街の姿とは?

TALK–01

アーバン・コアでつなぐ、「人の動き」と「街の多様性」

アーバン・コアの「丸い」デザインは渋谷らしさの象徴

奥森　「アーバン・コア」は、2007年に策定された「渋谷駅中心地区まちづくりガイドライン」で初めて提唱されました。アーバン・コアには、上下移動の拠点としての機能はもちろん、各街区の顔であり、環境装置でもあるという、少なくとも3つの側面があると思います。

吉野　渋谷ヒカリエ(以下「ヒカリエ」)の地下3階から地上4階までをつなぐ部分がアーバン・コアの第1号ですが、当初から環境装置としての意味合いもありましたね。たとえば太陽光を取り入れて地下に落とすことや、筒状の空間を通した換気、地下の熱を逃がすことを検討していました。

赤松　渋谷ストリーム(以下「ストリーム」)のアーバン・コアも地下が深いので、とにかく自然光を取り込みたいという話を最初からしていました。

吉野　実はヒカリエのアーバン・コアは、最初は四角かったんです。でも、アーバン・コアらしさとは何かという議論の中で、その名付け親でもある内藤廣先生が「異物感を出したい」と。ヒカリエの建物自体に四角い要素が多いので、扇を広げたような形状やガラスの多面体、カーテンのドレープのようなデザインも検討しました。

赤松　丸みのある形になったのは？

吉野　内藤先生と同じく、まちづくり検討会委員の岸井隆幸先生が、SHIBUYA109も丸を強調しているし、最終的に「渋谷らしいのは丸いデザインではないか」というところに落ち着きました。

奥森　赤松さんは、すでにヒカリエのアーバン・コアが存在している状況で、どのようにデザインを考えていったんですか？

赤松　デザイン会議を通じて、アーバン・コアの位置づけが非常に重要であるということは、とにかく刷り込まれていました(笑)。渋谷はまさに「谷地形」ですし、ストリームのある国道246号の南側エリアは、いわゆる渋谷からはやや切り離されている印象があったので、人の流れをつなぐ機能を視覚的にわかりやすく伝える。ストリームはさらに、渋谷川を越えた奥まった場所にあるので、通り沿いのアーバン・コアが邪魔な存在になってはいけないけれど、一方でそれ自体の存在を主張する必要があったんです。

奥森　デザイン会議が設置されたのは2011年、渋谷の「常に変わり続ける」という強みを生かすために、渋谷らしいプロセス型の景観誘導を目指して、検討・調整を重ねる場として立ち上げられました。デザイン会議ではどんな議論を？

赤松　アーバン・コアがしっかり見えつつ、建物と広場と川がひとつの風景になるといいよねと。そこで考えたのが、ガラスのスクリーンのアイデア。そして議論を進める中で「アーバン・コアは丸い」という話が出てきて。

吉野　途中からそういう話が出てきたのですか？

赤松　はい、それぞれのアーバン・コアに共通点を持たせようということですね。

奥森　存在感がある部分と存在感を感じさせない部分が両立しているのが印象的です。普通、あれだけ人が集まるところだと、もっとデザインや機能を盛り込みたくなるのでは、と思いますが。

赤松　アーバン・コアは動線であるという考えでしたから、シンプルなものにしようと話していました。小嶋（一浩氏／シーラカンスアンドアソシエイツの共同設立者）の初期のスケッチにも、「アーバン・コアは光です」と書いてあって。いかに光を地下まで落とし込むのかを考えていたので、そもそもガラス以外の選択肢はあまりなかったんです。

「移動」することそのものが新しい体験になる

奥森　その後、実際にアーバン・コアが使われているのを見て、どう感じていましたか？

吉野　夏にエスカレーターから手を出すと、本当に地下から熱気が上がってくるのを感じるんです。そう考えて設計しているから当然といえば当然ですが、ちゃんと効果があってホッとしました（笑）。ただ場所柄、エスカレーターを使う人たちがあくせくしていて……。設計者からすると、も

SHIBUYA PEOPLE

大規模開発のスキマに小さいスケールのものを残していきたい

©Tololo studio

赤松佳珠子
CAt

っとゆったり上り下りしてほしいのですが。

赤松　ストリームのアーバン・コアは完全な円形ではなく筒状の多面体なんです。特に夜はいろいろな光がガラスに映り込んで、その向こうに高速道路や横断歩道が見えて、現実の風景とガラスに映り込んだ映像が重なる。思っていた以上に不思議な感覚でした。

吉野　〝インスタ映え〟の名所になっていますよね（笑）。ストリームは動線そのものが印象的なイエローによって強調されていますが、色についてはどんな議論があったんでしょう？

赤松　地下を歩いていて、地上に出るエスカレーターがパッと見えないと迷いますし、サインだらけになってしまうのもよくない。そこで、視覚的に縦動線を認識できるようにしたほうがいいと考えました。色調については相当議論して、一番しっくりきた派手な黄色を選んだのですが、意外とすんなり受け入れられました。

吉野　黄色はすごくわかりやすいし、街区全体のイメージを引っ張っていますよね。

赤松　サインやマークにも同じカラーを使ってもらえることになって、今では「ストリーム・イエロー」という名前がついています。

奥森　お二人は、それぞれ違う時期に再開発に携わりましたが、お互いのデザインに対してどんな印象を持っていますか？

赤松　ストリームのコンペがあったのが2011年くらいで、ヒカリエが開業したのがその翌年。仕事とは関係なく「ああ、いよいよオープンだ」とワクワクしたのを覚えています。ヒカリエができたのは東急文化会館の跡地で、私が初めて映画を観た場所だったので、思い入れが強くて。

吉野　それ、みんな言いますよね（笑）。

赤松　ヒカリエに入って、サイネージのリングの中をエスカレーターで上がっていったときにすごく上昇感があって、新しい渋谷のシンボルができたという感じがしました。ビル自体も非常にシャ

ープで、それとは対照的にバンッとアーバン・コアがあって、「ああ、そういうことか」と。

吉野　伝わりましたか(笑)。サイネージが自然と目に入って、エスカレーターに乗りながらいろいろな情報が得られるというのは、新しい移動体験かもしれません。

赤松　地上に上がっていくときに、「ヒカリエに来た」「ストリームに来た」というように、自分が今、どこにいるのかがわかるのも、体験として面白いですよね。

奥森　ガイドラインをつくったときに、複雑な渋谷をわかりやすくすることがアーバン・コアの目的のひとつだという議論がありました。そういう意味でストリーム・イエローも非常に明快。

吉野　ヒカリエのアーバン・コアは、東京メトロ副都心線や銀座線など路線同士のコネクションでもあるので、本当は銀座線が見えるようにしたかったんです。だから、ストリームのアーバン・コアから首都高速道路を走る車が見えることにとても感動して。

赤松　駅側から来たときにはエスカレーターの黄色が、また目線を上げると首都高速道路が。２つのアクティビティが、ミラーの屋根越しに見えるといいなと考えていました。

奥森　渋谷の一番面白いところは、すぐそばに高速道路があったり、建物の中に電車が入っていったりすることかもしれませんね。

吉野　まさにそのとおりだと思います。そういえば、実はヒカリエはまだ完全には竣工していないんです。東京メトロ銀座線の線路の上部に屋根をつくって、渋谷駅の東西をつなぐ「スカイウェイ」が計画されています。それと将来的につながる予定の「渋谷ヒカリエ ヒカリエデッキ」ができて、ようやく完成(※座談会時は未完成。２０２１年７月にオープン)。今ある歩行者デッキだけではなく、さらにスカイウェイのレベルにも人の流れをつくって、駅や隣接するエリアとうまくつなげていきたいですね。

SHIBUYA PEOPLE

こんなに変化を続けている都市って渋谷以外にない!

吉野繁
日建設計

渋谷の街のキャラクターを、新たな建物のデザインに

奥森　渋谷スクランブルスクエア第Ⅰ期（東棟）や渋谷フクラスが竣工し、渋谷駅桜丘口地区も着工して、アーバン・コアがさらに広がっています。

赤松　渋谷の街は、国道246号や首都高速で分断されているからこそ、エリアごとに特徴が出ていると感じます。ただダイナミックな流動性は必要ですし、都市全体が均質化しない再開発のあり方が求められていて、それが今まさに渋谷で行われているのだと思います。

吉野　アーバン・コアに街区を象徴する個性を持たせることも、そのひとつの手段ですよね。

赤松　次はそれらを、どうつないでいくのかというフェーズに入ってきているのかなと。

吉野　ストリームは今後、渋谷駅桜丘口地区ともつながっていくんですよね？

赤松　はい。同地区のデザインアーキテクト、古谷誠章さんとも細かく調整しています。街を歩いていて「なんでこの一瞬だけ傘を差さなきゃいけないの」と感じることがありますが、渋谷の場合はデザイン会議があることで、エリア同士の調整で解決できる。各エリアが個性を持ちながらもつながっていくような再開発はあまり例がないので、うまくいってほしいですね。

吉野　ヒカリエは本当に最初の開発で、まだデザイン会議も存在していませんでした。そもそも渋谷って、誰かが全体をデザインしたわけではなく、自然発生的にできあがってきた街。そんな街を計画的に開発するとなると、どんな方法があるのだろうかと考えて、やがて「個々のエリアにバックグラウンドがあるのが渋谷だ」という意見が出てきて、その重要な要素としてアーバン・コアという考え方にたどり着きました。

赤松　ヒカリエのデザインにも、その考え方は反映さ

奥森清喜
日建設計

SHIBUYA PEOPLE

資本の論理だけでは
動かせないものを
いかに街に取り入れるか

れているのですか？

吉野　はい、街の要素を積み木のように縦に重ねてつないだのがヒカリエなんです。オフィスもあって、劇場もあって、ホールもショップもあるので、用途ごとに分けたほうが無理がない。そうやって分節化していった間に交じり合う部分をつくり、エレベーターで結ぶというのが大きな考え方ですね。ストリームはいかがですか？

赤松　大規模複合施設の場合、事業性の観点もあって、上部の形状はある程度決まってきます。だから、まずは足元の部分を考えていきました。東急東横線の記憶をどう残していくかとか、周辺の雑居ビルや路地が密集したスケール感にいかに合わせていくかとか。「ここがビルの入口です！」という感じにならないように、低層部にはポーラス(孔)を設けて、道がそのまま敷地に抜けていくようなイメージにしています。

吉野　ホワイトパネルと窓をランダムに組み合わせた、上層部のファサードも印象的ですよね。

赤松　ただのラッピングではなく、自然の風を取り込んだり日射を遮蔽したり、いろいろな機能を含めたファサードにしていこうと考えてスタディを重ねました。あとはその後にできるほかのビルともなじむように。よく議論していたのは、人間のスケールに合わせた足元と都市のスケールの上層部をいかにつなげるかということですね。

奥森　足元といえば、マスタープランの段階から、渋谷川についての議論もありました。

赤松　お話をいただいたときから、ずっとその存在は意識していました。というのも、私たちの事務所は昔、明治通りと渋谷川の間にある小さいビルに入居していたので。華やかな街だけれど、渋谷川のような都市のヴォイド的な部分が、渋谷の本当の姿じゃないかと感じていて。

大規模な再開発の中に小さなプロジェクトを織り交ぜていく

吉野　私が学生の頃の渋谷は、道玄坂から駅のところまで下りてくるとなんだか汚いし、階段を上がって電車に乗るのも面倒くさくて(笑)。それが渋谷マークシティが完成して、道玄坂上につながり、東急百貨店本店のほうにも出やすくなった。ヒカリエもアーバン・コアを伝っていくと表参道

STREAM
2012.05.24

方面に散歩気分で抜けることができます。巨大な架構がなくても、ある意味獣道のようなものでも、つながれば人の流れができるんだと感じました。

赤松　ヒカリエは青山に、ストリームは恵比寿・代官山につながっています。それぞれ色濃いバックグラウンドを持っているし、個性が生かせれば、街としての面白さと便利さが両立できるでしょうね。

吉野　こんなに変化している都市って、渋谷以外にないんじゃないですか？　私が年齢を重ねる中でもどんどん変わって、面白い街だなと。

奥森　これからの渋谷に期待すること、あるいはやってみたいプロジェクトはありますか？

吉野　渋谷が変化していく中で、まだ変わっていないと感じるのがJRの渋谷駅。おそらくデザイン会議でも議論をしていると思いますが、個人的には、建築デザインというより、もう少しヒューマンタッチな、ホームや改札など設えそのもののデザインもやってみたいですね。

赤松　大きな開発をすることで、大企業が入ってきて街が活性化するというのはもちろんあるでしょう。でも私は、スタートアップのような小さいスケールのものも残していきたい。たとえば、お店の上に住める場所があったり、アトリエを構えながら活動できたり。クリエイティブなこととつながりながら、この街で暮らせるようになったらいいなと思います。古い小さなビルをうまく改修しながら、大規模開発のスキマに入っていくような。

吉野 官民連携によって再生された渋谷川沿いに建つペンシルビルを再生していこうという動きもあるようですね。渋谷川のあたりって、変わったお店がたくさんあるので、僕もぜひやってみたい。

赤松 明治通りと渋谷川の間の、あの〝薄皮一枚〟が、実は大事なのかもしれませんよね。

奥森 単純な資本の論理だけでは動かせないものを、いかに取り入れられるか、その仕組みや議論もとても重要です。大小さまざまなプロジェクトの連携が渋谷の活性化につながるのですから。

吉野繁 日建設計 デザインフェロー

1961年三重県生まれ。1986年日建設計入社、設計部門に所属し、文京シビックセンター、日本科学未来館、ホーチミン会議展示場、東京スカイツリー、渋谷ヒカリエ、ホテルオリオンモトブリゾート＆スパなどの設計監理に従事。2013年設計部門デザインフェローとなる。

赤松佳珠子 CAtパートナー / 法政大学デザイン工学部 教授

日本女子大学家政学部住居学科卒業後、シーラカンス(のちのC+A, CAt)に加わる。2002年よりパートナー。2013年より法政大学デザイン工学部准教授、2016年より同教授。主な作品に、流山市立おおたかの森小・中学校、共愛学園前橋国際大学5号館など。渋谷ストリームのデザインアーキテクトを務める。

奥森清喜 日建設計 執行役員 / 都市部門 プリンシパル

1992年、東京工業大学大学院総合理工学研究科を修了後、日建設計に入社。専門は都市プランナー。東京駅、渋谷駅に代表される駅まち一体型開発(Transit Oriented Development : TOD)に携わり、中国、ロシアなど多くの海外TODプロジェクトにも参画。主な受賞に、土木学会デザイン賞、鉄道建築協会賞、日本不動産学会著作賞など。

Shibuya Hikarie

SHIBUYA × DESIGN

TALK—02

渋谷スクランブルスクエアから考える“街を面白くする”再開発

2019年11月、新たなランドマークとして開業を迎えた、渋谷スクランブルスクエア第I期(東棟)。渋谷エリアでもっとも高い大規模複合施設のデザインは、関係者のディスカッションから方向性を導く「プロセス型」で行われた。隈研吾建築都市設計事務所で設計チーフを務めた建築家の藤原徹平さん、SANAA パートナーの山本力矢さん、日建設計の勝矢武之さん、金行美佳さんが、ほかの都市に類を見ないその過程について、さらに中央棟・西棟へと続くプロジェクトの今後についてを語った。

上下左右で自在にクロスし合う、ユニークなコラボレーション関係

藤原　2015年まで、隈事務所で設計チーフをしていて、渋谷スクランブルスクエアには基本計画から実施設計の途中まで関わったことになります。計画当初はほとんど手探りで、このビルは誰がやるやらないではなくて、みんなでつくるにはどういうやり方がいいのか、ということを議論したのをよく覚えています。

勝矢　日建設計は、建物全体の設計から監理までを担当しています。基本設計の段階では、事業者も含めて議論をしながら進めていくワークショップの場をつくり、全体の目指すべき方向性を定めていくことに注力していました。

山本　僕はSANAAのメンバーとして、事務所の代表である妹島和世と一緒にそれらの議論の場に参加していました。渋谷駅ハチ公広場を中心に東西南北をつなぐことや、街とどうつながっていくかなど、とくに動線空間に関して多くのコメントをした覚えがあります。

勝矢　具体的なデザインの段階になってからは、我々は高層棟の部分をメインにデザインを固めていきました。さらに、工事に入った段階で展望施設「SHIBUYA SKY」が併設されることになったので、そのデザインも手がけました。

藤原　最終的に、隈事務所は東棟低層部の前面と低層棟の南端側を担当することになったのですが、それは「広場を中心に考えていくのがいいんじゃないか」という発想から始まったものです。

山本　私たちは西側の中層棟のファサード、街と各線のホームをつなぐ動線、それを覆う大屋根など、渋谷駅ハチ公広場まわりの西口全体を担当することになったので、引き続き動線の部分を中心に考えていくことになりました。

金行　設計した3者が上下に関わり合ったり平面的にクロスしたり。こういうコラボレーションって、なかなかない。役割が決まったあとは、どのようにデザインに落とし込んでいったんでしょう。

勝矢　初めはわざと形をつくらず、とにかくリサーチした資料だけを提示しました。そのとき対比で、よく話に出していたのが大手町。あちらはグリット状に敷かれた整然とした道路があって、そこにブロックとして超高層が面を揃えて並んでい

る。一方、渋谷は谷地なので、すべての道路が渋谷駅から放射状に広がり、どんどん枝分かれしていて見通しが悪い。

藤原　谷底から放射状に道が延びているから、駅に向かう視線が角に当たるという話でしたね。

勝矢　実際、渋谷スクランブルスクエアの壁面が道路に面しているというよりは、建物の角のところに道が当たる形になっています。そうした立地と、アーバン・コアの話が絡み合っていった点は、非常によかったと思います。

藤原　こういう話を、デザイン会議で事業者に向けてプレゼンするのですが、学会や大学の講義のようなアカデミックな雰囲気があって非常に面白かったですね。その議論を通じて、アーバン・コアという渋谷独特の考え方が実感できました。

勝矢　面白くもあり難しくもあったのは、その概念の捉え方。渋谷ヒカリエの場合は、まさに塊の“コア”としてのデザインですが、渋谷スクランブルスクエアは渋谷の中心にあって人がどんどん流れ込んでくる場所なので、シンボリックに閉じた形をつくってしまうと、機能や人の流れと合わない。結果として東も西も、「コア」という言葉がイメージさせる塊ではない形になりました。

山本　大きな駅というのは、たいてい駅ビルがあって、街と切れている印象が強い。でも渋谷の場合、立体的に駅があるので、駅とその界隈がなんとなくつながっているのも面白いですよね。

勝矢　議論されていたのは、硬い建物が足元に下りていくにつれて、渋谷のエネルギーとか人の流れとか街との関係を受け止めて、柔らかくなっていくようなイメージだったと思います。

山本　最初はヨーロッパの駅のように、広場の中にシンボリックな駅を感じられるようなアイデアもあったのですが、手を動かすうちに、街から駅のホームまでいかに連続的につなげるかを中心に考えるようになりました。

勝矢　渋谷はターミナルではなく、常に人が交差するトランジットの駅なので、流れていく動きが一番大事。その交錯するダイナミズムみたいなものをどうやってつくっていくかが面白い。

山本　それに加えて、渋谷の街の独特のスケール感ってありますよね。道幅やお店の間口がヒューマンスケールで、待ち合わせをしていたり、飲み食いしていたり。ああいうムードをそのまま駅や広場まで引き込めるといいなと思います。

ひとつの建物としてではなく、街全体としてのあり方を考える

藤原　妹島さんから、グニュっとしたバナナのような中央棟の屋根（P53下参照）の案が出てきたときに、このプロジェクトが普通の再開発とは違ってきたなという印象を持ちました。事業者がたくさんいるうえに敷地区分が複雑だと、どうしてもそれぞれが表層をデザインすることになりがちです。

山本　でも、そうではなかった。

藤原　ええ。妹島さんが大胆な屋根と曲面壁の案を出してきたのなら、隈事務所としては対比的にえぐるだけ、歪ませるだけでやろうか、みたいな。まるでセッションしているようなやりとりで、全体の骨格が決まった感じがしましたね。

勝矢　普通だったら2つのボリュームをどう組み合わせるかという話になるのですが、商業施設はボリュームとして残しつつ、パブリックの側はネガのように削り込んでつくるというのが、非常にうまくフィットしている気がします。

藤原　超高層ビルってどうしても画一的になってしまいますが、ここは空間の形式が非常に超高層らしくないといいますか、ぬるっとつながる不思議な足元が存在している。

金行　東棟は足元と高層部で、垂直方向への上昇感を表現するんだと、よく話

SHIBUYA PEOPLE

建物をつくっているのではなく、街をつくっている

藤原徹平
フジワラテッペイアーキテクツラボ

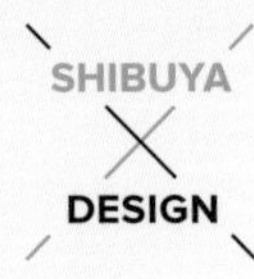

していました。

藤原　手前に東京メトロ銀座線があるので、ビルが見えないんですよね。逆に、銀座線をくぐるという体験を経てビルの足元に入っていくのも面白いかなと。あとは渋谷ヒカリエや渋谷ストリームといった周辺開発との連動ですね。いろいろな動線がつながってくるから、ひとつのビルというよりは街全体として考えないといけない。

金行　高層部分についてはいかがですか?

勝矢　ここまでの話と同じように、渋谷という街とつながる超高層をつくりたい、というのが大きなポイントでした。駅へと向かってくる人の流れを、どうやって建物の上までつなげていくか。一方で、単に超高層の形が街につながっているだけではなくて、その頂部でも何か人々の動きが起きてほしいという想いも当然ありました。

金行　そして、「SHIBUYA SKY」をつくることになった。

勝矢　はい。高層部分のデザインについては、隈さんや妹島さんが低層で取り入れているフォールドしていくようなアプローチで、コーナーに向けて形を少し変化させてポイントをつくっています。ガラスにセラミックプリントが入っていたり、真ん中に縦の換気スリットが入っていたりするのも、コーナーに向かって透明度が上がっていくようなデザインにしたかったからなんです。

藤原　これまでは立体的に線路があって、中層は遮断されていた。それが今回は線路を乗り越えたり、くぐったり、シークエンスを重視して設計されている。すべてが完成したら、渋谷の人の流れがアメーバのようにつながって、相当不思議な都市空間になるだろうなと思います。

金行　今でこそ、パブリック性を意識して検討していくことがスタンダードになっていますけど、10年前からそれを意識していたんですね。

勝矢　渋谷はあらゆるものが混ざり合って煮えたぎるような、計画しえないエネルギーが街の力をつくっています。それを枠にはめて弱めてしまったら意味がない。なので、駅だけではなく渋谷という街全体の特性も、この建物の成り立ちにすごく寄与している気がするんですよね。

山本　渋谷だから特にうまくいっているという部分はありますよね。街自体にそもそもそういう要素があったから、うまく連結しやすかった。

SHIBUYA PEOPLE

世界中でも渋谷にしかない唯一のものをつくりたい

山本力矢
SANAA

勝矢　超高層のスケール感と、足元の小さなスケールの街とのバランスをどうするかという操作は、けっこう重要なポイント。渋谷のゴチャゴチャとしたスケールの中に超高層がドカーンときてしまうと、街が完全に2つに分かれてしまうので。

藤原　前例主義は感じないし、クリエイターの考えが実現している。それが非常に面白いところだし、非常に重要なトライアルだと思います。

プロセス型で共有しながら進行するプロジェクト

藤原　全体竣工まで約6年、僕はもう、あとは大屋根の立体広場を楽しみに待っていればいいだけなので、気楽な立場で(笑)。

金行　完成する頃には、実は20年前のデザインを実現したということになりますよね。中央棟や西棟を検討していくうえでのキーワードは？

山本　こういう都市的なプロジェクトだからこそ、人間に寄り添うスケールというのはすごく重要だと考えています。アーバン・コアはただの動線としてだけでなく街の回遊性に参加して、大屋根も有機的に形が変化して多様な見え方をする。また、中央棟と西棟は、街の小さな単位になじむようにファサードを分節化して、内部の商業部分を見せつつ、とくに渋谷駅ハチ公広場、スクランブル交差点から街へと広がっていくように。

勝矢　中央棟と西棟が完成すると、地面、デッキ、その上の4階というように、低層部にいくつかのレベルができるんですよね。

山本　立体的な回遊性によって、連続的に視界が変化しながら、気がつくと各レベルに自然と上がっていけるようなことを考えています。そして、それらを視覚的につなぐように、大屋根が街のいたるところからから見えて、全体で立体的な広場となるようなイメージです。

勝矢　全部ができたときに、アクティビティに立体感が出るのが楽しみですよね。

金行　駅の見せ方もダイナミックですね。

山本　駅も街の中にあるような感じにしたいとい

うのが、最初から思っていたイメージのひとつでした。知らない間に駅に吸い込まれていくような、周辺まで含めた全体がなんとなく駅で、かつ街で、みたいな。そういう境界がないような全体像をつくりたいなと。

藤原 宮益坂の途中から東京メトロ銀座線の屋根の上にのぼって街を横断して、ビルの中に突入して、そこから大屋根の下をハチ公口に下っていくなんて、すばらしく意味不明じゃないですか(笑)。そんな街、世界的にもありませんから。

勝矢 内藤廣先生と岸井隆幸先生が主導した、デザイン会議というシステムもよかったんじゃないかなと思います。よくある開発だと先にトップダウンでルールが決められていて、その枠の中でデザインをしますが、このプロジェクトはプロセス型で、何度も話をしながらデザインを固めていくというやり方でしたから。

金行 デザイン会議には、約10年間で20回ほど提案をして、議論を尽くしています。おそらくこの先も、回数を重ねていくと思いますが。

藤原 すごいことですよね。毎回地元の方や先生方から鋭い意見が出てきて、デザイン会議を通して大きく案が変わっていきました。

勝矢 それだけ熱意があるんですよね。価値基準を共有したうえでのデザイン提案だから、土台がしっかりしていて崩れにくい。そのぶんゴールが見えづらいという部分もあったのですが(笑)。

金行 行政や学識者とここまで議論を尽くしてデザインを誘導した例はそれほどありません。この誘導の仕組みをほかのエリアで展開したいといわれることもありますし、今後、本質的な意味で、人や街に開かれた開発が増えていくのではないかと期待しています。

街が有機的に増築していく、再開発の新しい形とは?

勝矢 事業者の方たちと話していると、もはや東京の中での渋谷にとどまらず、世界の中での渋谷

SHIBUYA PEOPLE

渋谷という街とつながる超高層をつくりたい

勝矢武之
日建設計

UC
VISA
アコム

を育てていきたいという想いを何度も耳にすることがあります。その壮大な想いを、建築でどうやったら実現できるんだろうというのを、すごく考えさせられたプロジェクトでした。

金行 みなさん、そうした想いは強いですね。

勝矢 かつて80年代の渋谷はファッションと若者の街で、先進的な文化を創り出していました。そういったもともと持っていた力はなくなってはいないけれど、さらに発展するためには、新しいものを足していかないといけない。今回の一連の開発は、そのタイミングと重なっていたわけです。

金行 その「新しいもの」とは？

勝矢 ひとつは多くの人が集まる、最新の消費文化の世界的な発信地というポジション。もうひとつは、80年代の渋谷とは違うタイプのクリエイションが生まれる街、つまり情報産業の創造拠点というポジションです。

藤原 実際、IT企業もたくさん入居してきていて、渋谷が新しい働き方ができる街へと変わっていくのを感じています。

勝矢 そうですね。最近では、大手町とはタイプの違うワーカーの姿を数多く見かけるようになりました。今回の開発では、事業者や行政や計画者が確たるビジョンを持って街をつくることで、人の流れが変わり、人の意識が変わり、新しい人やものが集まるようになった。そこに大規模な開発の力を感じました。

山本 プロセスも含めて開かれているという意味でも、このプロジェクトは再開発の新しいスタイルを提示できているのではないかと思います。従来のものを崩しながら、なんというか、輪郭がないような感じにしようとしている点もそう。

金行 境界を曖昧にしたいというのは、妹島さんも当初からおっしゃっていましたね。プロジェクトの初期に、官民境界をはみ出した案を提案されたのを思い出します(笑)。

山本 今もまだ、はみ出そう、はみ出そうと必死でやっています(笑)。大屋根は東側にちょっとでも顔を出そうとしていますし、東側のアーバン・コアも西側に顔を出そうとしているし。

金行 お互いがお互いのゾーンに、顔を出し合って(笑)。

山本 足元からタワーのてっぺんまで、普通の駅ビルとは全然違うと感じています。境界をつくってドンと建てるのではなく、いろんな建物や場所が集まって構成されているような感じで、街に自然と増築されていくようにできている。そういう新しい挑戦ができるのも、街としての懐の深さがあるからでしょう。

藤原 人間臭さを感じますよね。MIYASHITA PARKも開業したし、奥渋谷の盛り上がりなど、駅につながる道もどんどん面白くなってきていて、渋谷はますます「人々がよく歩く街」になると思うんです。そうなると、街での過ごし方も変わってくる。消費の街としての役割は続くと思うけれど、何かを考えたり、実験したり、人と出会って新しいものを生み出したり、いろいろな使い方がされていくんじゃないかな。

山本 渋谷に集まってくるような人たちだからこそ、新しい街を使いこなせるし、使い倒してくれる。自然とそういう期待を持てますよね。

藤原 最近、東京がつまらなくなったとよく言われますが、それは街がつまらなくなったのではなくて、私たちの生活から遊びの要素が減ってしまったことも大きいと思うんです。だからみんな、もっと遊べばいいのにって。

金行 キーワードは「渋谷で遊ぼう」(笑)。

藤原 プロジェクトを通じて感じたのは、建物をつくっているのではなく、街をつくっているんだということ。これから、できたものを運営していく人たちが参加してくると、どう使いこなして遊んでいくかという部分が、より重視されるようになっていくでしょう。

勝矢 この街が、そんな遊びのような、型を超えていくような人間の創造的な部分を受け入れる場所としてあり続けてほしいですね。

山本 駅前の動線空間も、ただの移動空間ではなく小さな広場の連続のような空間になって、さまざまなアクティビティを生み出してくれるという期待を持っています。

藤原 もちろんデザイナーが頑張ったというのもありますが、事業者側がデザイナーを挑発した側

SHIBUYA PEOPLE

まちづくりのキーワードは「渋谷で遊ぼう!」

金行美佳
日建設計

面もあると思うんですよね。渋谷だからこういうことをやってやろう、っていうふうに。

山本 街に対するプライドというか、世界中でも渋谷にしかない、唯一のものをつくりたいという想いは常に感じます。

金行 たしかに、「ただのビルはつくりたくない」というのは、みなさんおっしゃいます。

藤原 渋谷が好きでプロジェクトの担当をしているという人も多いですし、まちづくりや再開発に、そういう個人史が絡んでくるのはすばらしい。その街が好きな人が開発の担当になるというのが、これからの常識になるといいですね。

藤原徹平 フジワラテッペイアーキテクツラボ 主宰

1975年横浜生まれ。横浜国立大学卒業、横浜国立大学大学院修了。2001〜2012年、隈研吾建築都市設計事務所 設計室長・パートナーを務める。2012年〜フジワラテッペイアーキテクツラボ主宰。2009年〜ドリフターズインターナショナル理事。建築を中心に、まちづくり、ランドスケープ、アート、演劇などに越境的に関わる。

山本力矢 SANAA パートナー

1977年福井県生まれ。東京理科大学工学部建築学科卒業、横浜国立大学大学院修了。2002年SANAA／妹島和世建築設計事務所入所。2013年よりSANAAパートナー。

勝矢武之 日建設計 設計部門 / 新領域開拓部門 ダイレクター

1976年神戸市生まれ。2000年日建設計入社。国内外のオフィスや大学やスポーツ施設などをデザインしつつ、社会とユーザーをアクティブにするべく、NIKKEN ACTIVITY DESIGN labを率いて建築設計外の領域への挑戦を続けている。主な仕事として、新カンプ・ノウ計画(バルセロナ)、有明体操競技場、渋谷スクランブルスクエア、木材会館、マギーズ東京など。

金行美佳 日建設計 都市部門 都市開発部 ダイレクター

日建設計に入社後、エリアビジョンや規制緩和などの政策立案から、複合的な都市開発事業の都市計画コンサルティングまで幅広く従事。最近では、渋谷駅や東京駅周辺エリアの駅まち一体型開発に携わる。また、(社)渋谷未来デザインに設立から参画し、コンサルタントとして新しいまちづくりの制度構築などを推進している。

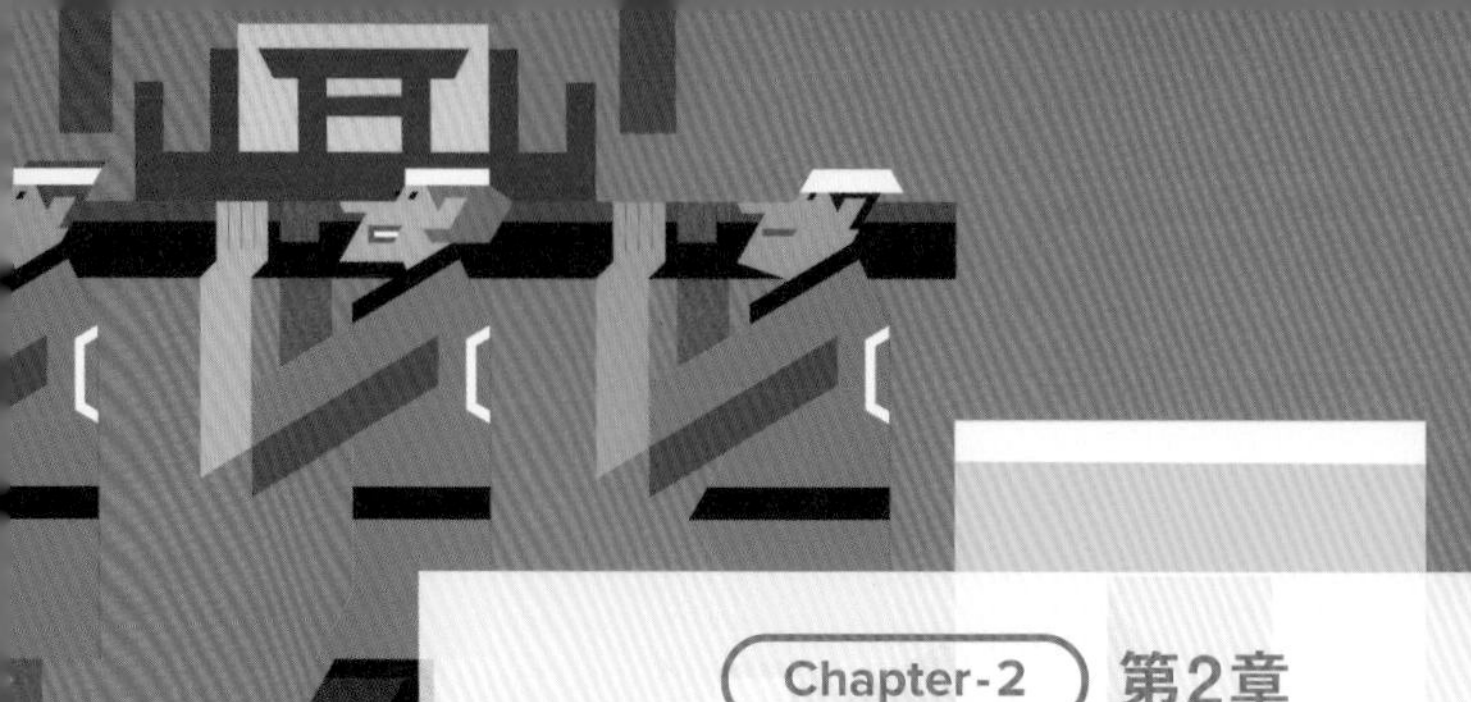

Chapter-2 第2章

渋谷とコミュニティ

SHIBUYA × COMMUNITY

もはや、まちづくりは行政だけの力でできる時代ではない。渋谷のまちづくりは、行政や事業者、専門家が、コミュニティと一緒になって取り組む「ボトムアップ型」。その指針となる行政計画の変遷と、新たなプロジェクトを生み出していく仕組み、また地元商店街が取り組んだボトムアップ型まちづくりの代表事例についても見ていこう。

TALK—03 | P.076 |

渋谷駅周辺の“まちづくり”のこれまで、
そしてこれから

TALK—04 | P.088 |

地域と再開発が、深く連携したまちづくり

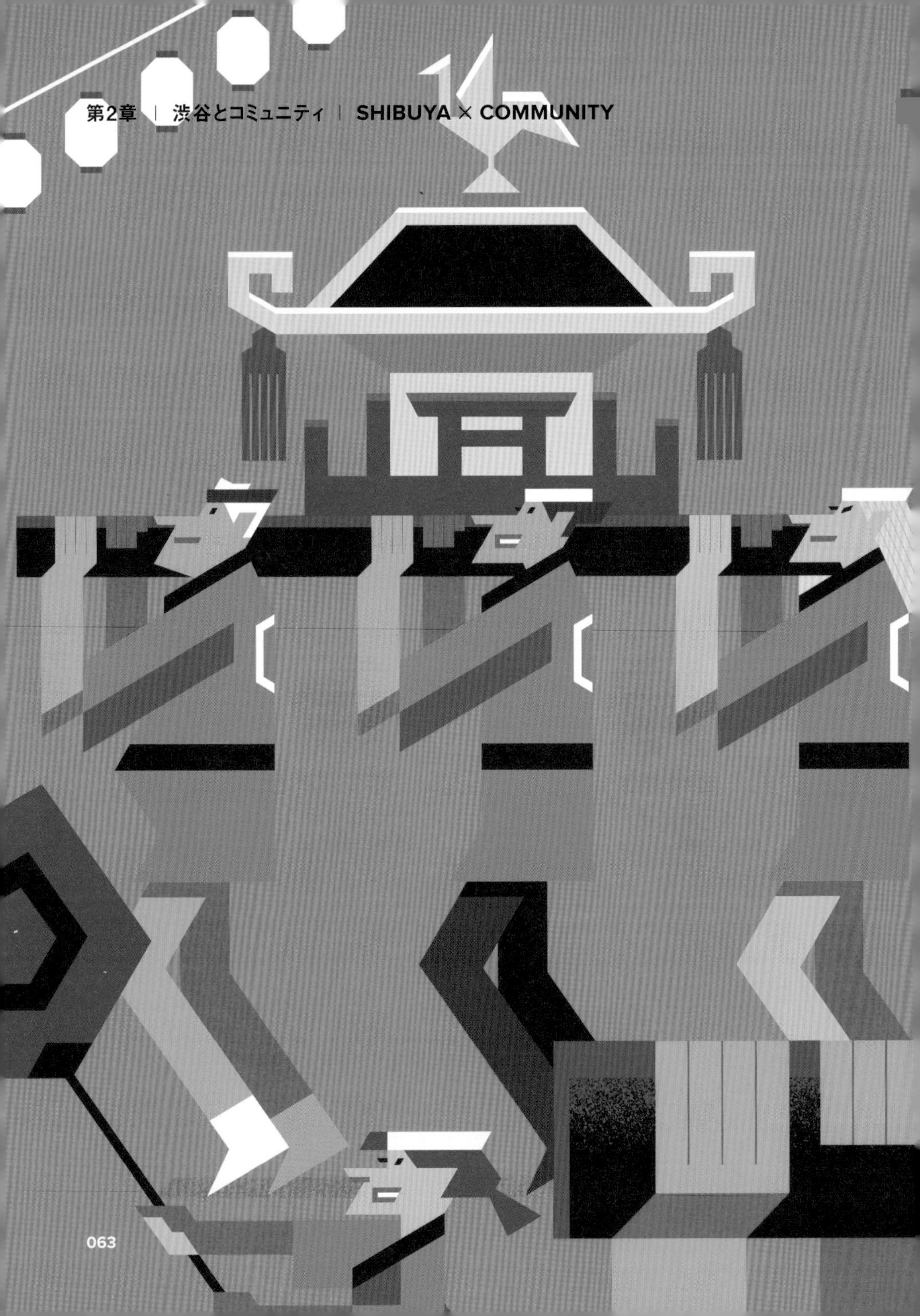

渋谷のまちづくりは、いったいいつからスタートしたのだろう。プロローグでも述べたとおり、「100年に一度」といわれる大プロジェクトの始まりは、2000年の東急東横線と東京メトロ副都心線相互直通運転の方針決定までさかのぼる。

まちづくりの指針となる行政計画についても触れておくと、2003年には「渋谷駅周辺整備ガイドプラン21」、2007年には「渋谷駅中心地区まちづくりガイドライン2007」、2011年には「渋谷区中心地区まちづくり指針2010」、そして2016年には「渋谷駅周辺まちづくりビジョン」がそれぞれ策定され、現在に至っている。

渋谷のまちづくりは、鉄道や道路、駅前広場といった基盤の整備と民間事業者による開発が同時に進むため、公民が連携し、地元コミュニティと足並みを揃えながら進めていく必要があった。

その協議・調整を行う場として、2011年に設置されたのが「渋谷駅中心地区まちづくり調整会議」(まちづくり調整会議)だ。同会議にぶら下がる形で、まちづくり調整部会、都市基盤施設デザイン調整部会などが設けられ、開発やまちづくりに関する

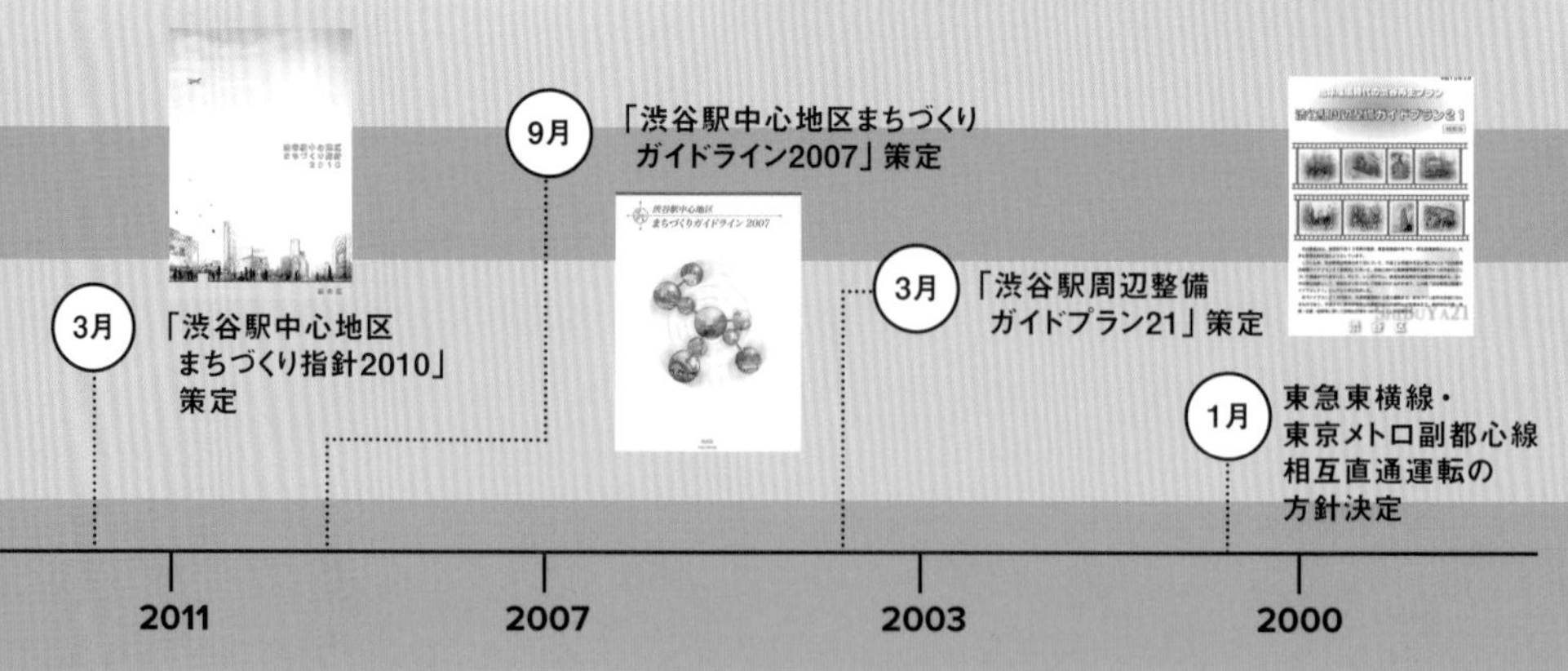

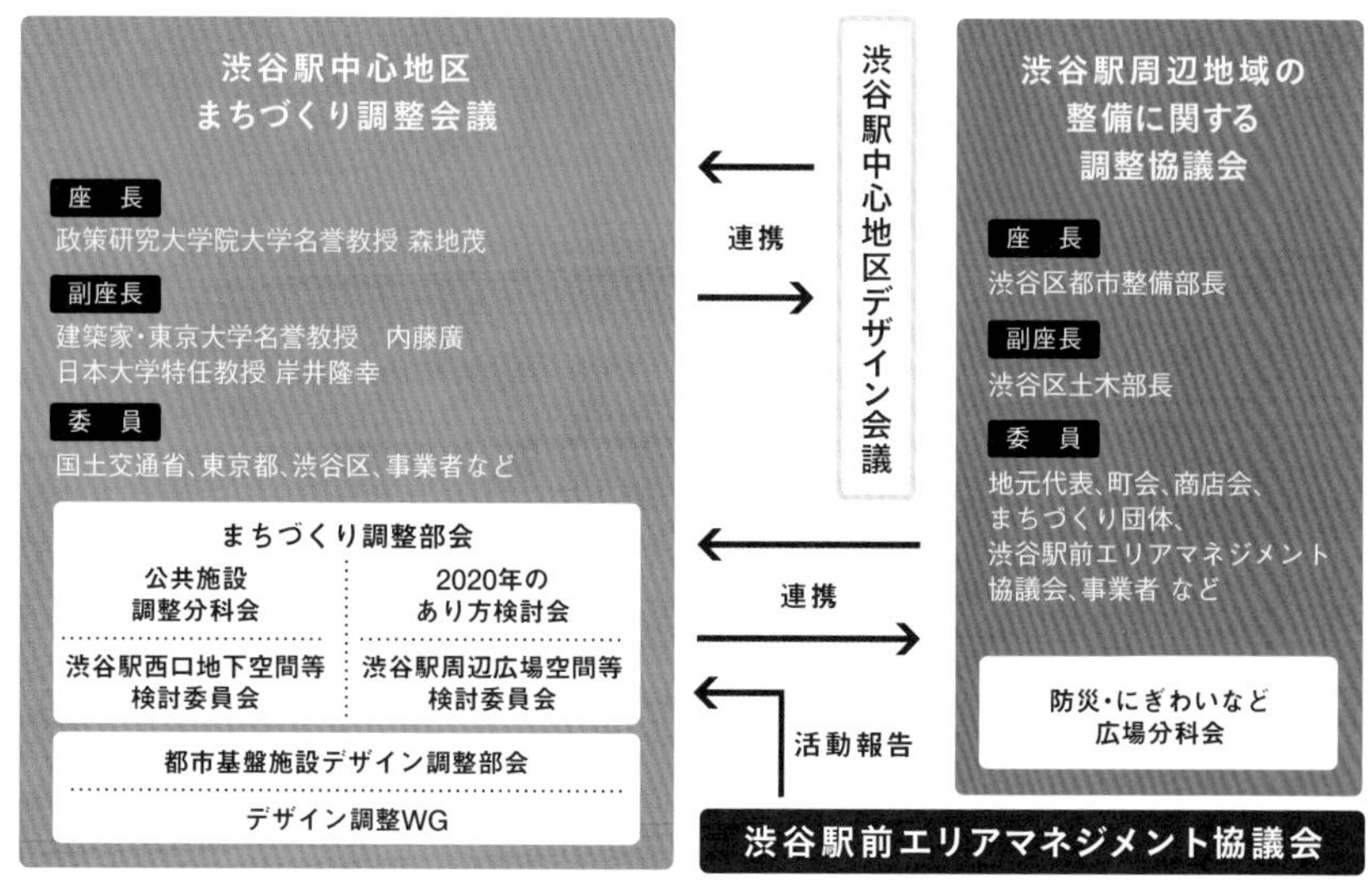

渋谷駅まちづくり調整会議 体制図

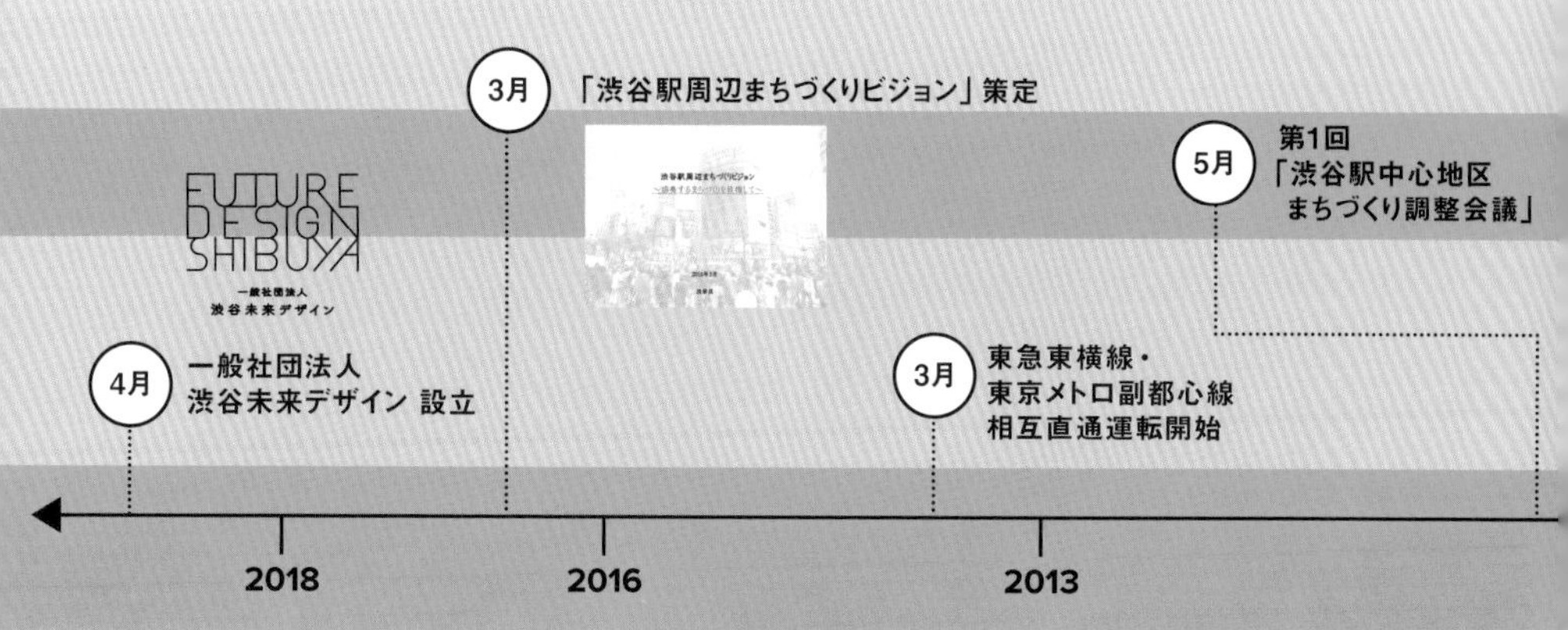

さまざまな検討を進めている。

こうした行政が主導する会議体の一方で、地元の町会や商店会、まちづくり団体や事業者などが参加する場も設けられている。それが、渋谷区の主導で2006年に設置された「渋谷駅周辺地域の整備に関する調整協議会」（調整協議会）。

まちづくり調整会議や、第1章で触れたデザイン会議と連携して、行政計画やまちづくりの情報を地元に向けて共有するほか、防災やにぎわいづくり、さらに渋谷駅ハチ公広場をどうしていくかといった意見交換を行っている。

行政や事業者、地元の人たち……みんなでつくるプロジェクト型

2000年代前半までの日本の都市計画は、あらかじめ行政が大枠を決めて、それを民間が実行する、いわゆる「マスタープラン型」が主流だった。渋谷のまちづくりは、これとは対照的に、各ステークホルダーが連携しながら個別の開発を行う「プロジェクト型」。前者を「トップダウン型」、

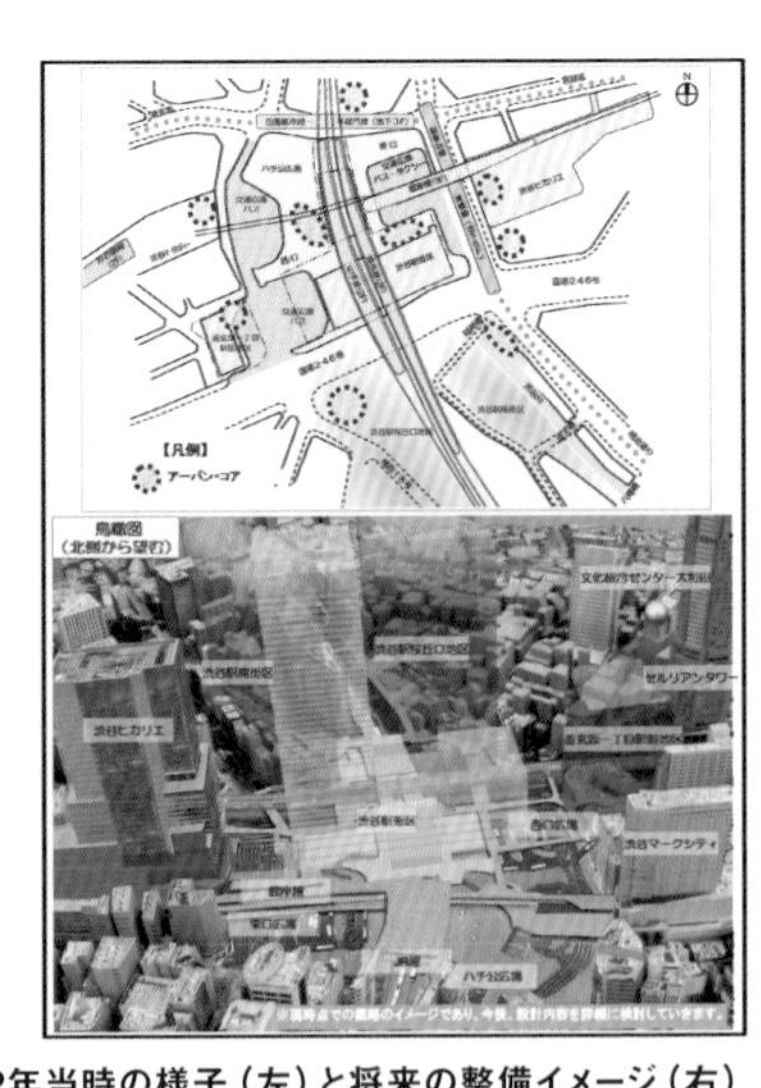

2012年当時の様子（左）と将来の整備イメージ（右）

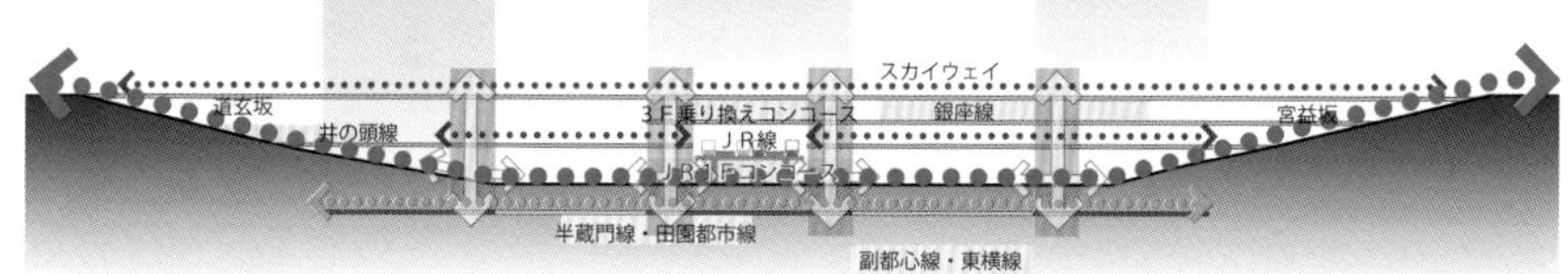

歩行者ネットワークの考え方（東西断面）

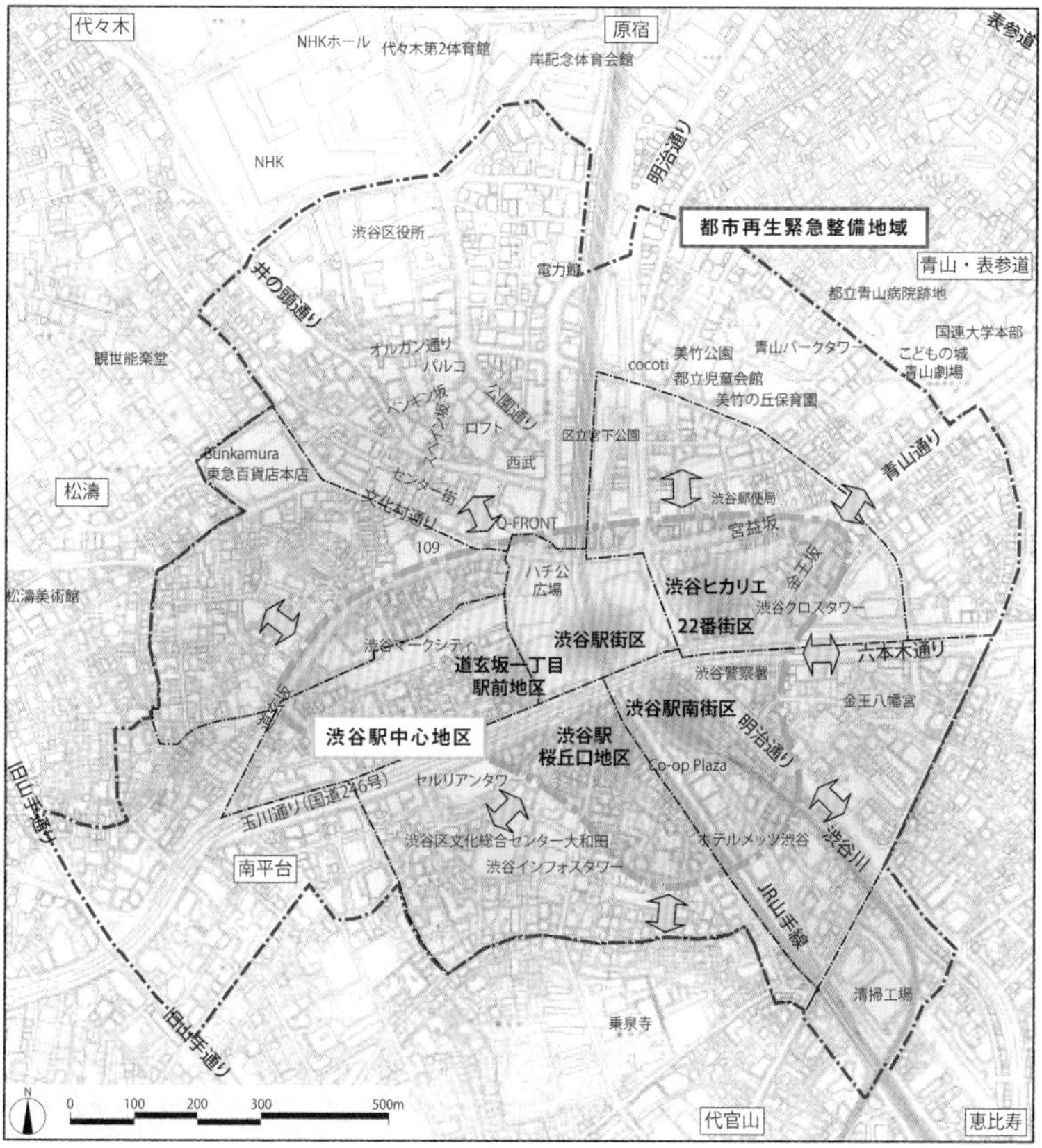

代々木
NHKホール
代々木第2体育館
岸記念体育会館
原宿
表参道
NHK
明治通り
都市再生緊急整備地域
渋谷区役所
電力館
青山・表参道
井の頭通り
都立青山病院跡地
国連大学本部
オルガン通り
パルコ
cocoti
美竹公園
青山パークタワー
こどもの城
青山劇場
観世能楽堂
都立児童会館
美竹の丘保育園
ペンギン坂
スペイン坂
公園通り
ロフト
区立宮下公園
青山通り
Bunkamura
東急百貨店本店
西武
センター街
渋谷郵便局
松濤
文化村通り
Q-FRONT
宮益坂
109
ハチ公広場
金王坂
松濤美術館
渋谷ヒカリエ
渋谷クロスタワー
渋谷駅街区
22番街区
渋谷マークシティ
六本木通り
道玄坂一丁目駅前地区
渋谷警察署
金王八幡宮
渋谷駅南街区
渋谷駅中心地区
渋谷駅桜丘口地区
明治通り
旧山手通り
Co-op Plaza
セルリアンタワー
玉川通り（国道246号）
渋谷区文化総合センター大和田
ホテルメッツ渋谷
渋谷川
南平台
渋谷インフォスタワー
JR山手線
清掃工場
乗泉寺
旧山手通り
N
0 100 200 300 500m
代官山
恵比寿

まちづくり指針の対象範囲

後者を「ボトムアップ型」と言い換えてもいいだろう。

もちろん、渋谷開発においても、もちろん行政が策定したマスタープラン自体は存在している。しかしながら、前述した会議体からもわかるとおり、それぞれのプロジェクトの集合体として、インフラと建築を一体的に進めていこうという考え方だ。2016年の「渋谷駅周辺まちづくりビジョン」を見ても、「〝渋谷〟のまちの変化を享受し、渋谷駅周辺の個性を最大限に活かす、『住民や渋谷に関わる多様な人々』が主役となるまちづくりを検討する」という考え方のもと、〝協奏するまちづくり〟の展開を模索している。

渋谷の場合、駅前の5街区の開発が同時に進むため、個別のエリアの将来像と街の全体像を並行して描いていく必要があった。さらに、鉄道事業者と開発事業者が重なっていたこともあって、インフラを整備する側と開発をする側、また地元の人たち、そしてそれらを調整する行政がひとつのテーブルについて、横断的に議論をする。そのプロセスを通じて、鉄道や広場、建物など、複雑に重なり合った開発を一体的に解いていくことを目指した。

高度経済成長期の開発は、行政がマスタープランを描いて、その大きな絵に乗りかかる形で、プロジェクトはあとから起こっていくものだった。たとえば、かつてのニュータウンのように、マスタープランとして描いたものが10年後には必ず完成して、街がつくられていくというように。しかし、現在のように成熟した社会では、需要のないところに将来の絵だけを描いても誰も動かない。

もちろん、マスタープラン型の開発が優れているのか、プロジェクト型の開発が優れているのかについては、都市計画やまちづくりの専門家の間でも議論が分かれるところだ。現在、日本で行われている大規模開発でも、計画は行政、開発は事業者といった形に陥りがちで、プロジェクトやコミュニティが連携したまちづくりの成功例は多くない。というのもプロジェクト型の場合、行政や事業者、地元の人たちなどを横断的に調整していく必要があり、その難易度が非常に高いからだ。

繰り返し述べているとおり、渋谷のまちづくりの主役は「人」。街に住む人、働く人、遊ぶ人をはじめ、この街を愛してくれるさまざまな人たちの意見を、どのようにして吸い上げ、ボトムアップ型のまちづくりを実現していったのか。その具体的な事例を見ていきたい。

ボトムアップ型まちづくりの代表例「渋谷中央街」

地域の人たちや行政、事業者が密接な関係をつくり、街の課題を解決をしていく。そんなボトムアップ型のまちづくりの代表例ともいえるのが、2019年にオープンした渋谷フクラスの足元、渋谷マークシティと国道246号に挟まれたエリアにある商店街「渋谷中央街」だ。渋谷フクラスは、一連の渋谷駅周辺の開発プロジェクトの中では比較的小規模だが、敷地の内外に渋谷の街の再生に寄与する、さまざまな取り組みが詰め込まれている。

中央街が位置する道玄坂一丁目地区の都市計画が決定したのは、2012年末のこと。しかし中央街では、渋谷フクラスの再開発準備組合ができるずっと前の2006年から、当時の商店会長を中心に、行政と連携したまちづくりの勉強会を重ねていた。

〝渋谷の新橋〟ともいわれ、路面に飲食店が連なる渋谷中央街が抱えていた

観光案内施設（shibuya-san）

西口バスターミナル

のは、多くの車両が路上で荷捌きを行い、アイドリングが常態化しているという問題だった。そこで2012年に、中央街と渋谷警察、渋谷フクラスの開発事業者が集まり「地元調整協議会」を設置。同協議会は、2019年12月の渋谷フクラス竣工まで、7年間にわたって計14回も開催され、地域の歩行環境を改善し、にぎわいのあるまちづくりを実現するための議論が行われた。最終的に、路上のパーキングメーターを貨物用として再配置し、さらに渋谷フクラスの地下2階に、7台分の地域荷捌き駐車場(愛称:ESSA)を整備することが決定した。

【中央街荷捌きルール】

- ○対象エリアは、平日17時、休日12時~翌5時は車両進入禁止
- ○各ビルへの荷捌きは右記の時間以外で行う
- ○路上での荷捌きは原則、貨物用パーキングメーターを使用する
- ○8~18時は地域荷捌き場「ESSA」を積極的に使用する
- ○「ESSA」を定期的に利用したい場合は個別に相談する

また、対象エリアのすべてのビルにポスティングを行い、ビルオーナーやテナント、出入りしている配送業者に向けた説明会を開催。竣工前後には、中央街と道玄坂一丁目駅前地区市街地再開発組合、渋谷区や渋谷警察、ESSA運営事業者が、お揃いのビブスとのぼり旗を手にパトロールを行うなど、ESSAの利用を促進するための広報活動を行った。

その結果、道路上の荷捌台数は激減、ESSAの稼働状況も年々増加傾向にある。これはハードの整備だけによって実現したものではなく、渋谷中央街を中心とした協議会メンバーが長年にわたり、商店街環境改善の活動を愚直に行ってきた成果といえるだろう。

SHIBUYA × COMMUNITY | PICK UP

中央街荷捌きルールとプロモーション

ルールの策定にあたって、下記の施設を整備。
ESSA利用促進ための広報ツールを作成し、周知活動やパトロールが行われた。

店舗配布用ステッカー

パトロール用ビブス

パトロール用のぼり旗

チラシ

店舗配布用フライヤー

❶ 地域荷捌き施設
ESSA

❷ 地域荷捌き用
エレベーター

❸ 道路環境の整備

❹ 貨物用パーキング
メーターの設置

さらに、再開発事業の公共貢献として、区道の舗装を建物の外装と呼応したデザインに整備したほか、渋谷フクラス1階のバスターミナルには、空港リムジンのバス停と観光案内施設「shibuya-san」を併設。大規模商業施設と、通り沿いにある大小さまざまな飲食店、新旧の街並みがシンクロする渋谷の多様性を象徴するエリアが生まれた。

モクモクと煙が立ち込める焼き鳥屋や、客同士が肩を寄せ合うラーメン屋などが軒を連ねる渋谷中央街は、外国人旅行者にとってもリアルな渋谷が体験ができる貴重なエリアとして、これからも残っていくことになる。

開発事業者と、昔からそこで商売をしている人たちが一緒になって、街のこれからについて喧々諤々の議論をする。渋谷の開発というと、とかくクリエイティブやエンタテイメントといった部分に光が当たりがちだが、その陰には、こうした人の顔が見えるプロセスがあった。

「渋谷未来デザイン」という新たなまちづくりの実験場

中央街をはじめとするボトムアップで、〝プロジェクトオリエンテッド〟なまちづくりは、パッチワークのように街がつながり、多様性を持った渋谷の街ととても相性がよかった。それゆえ、ほかのどの街でも同じように成立するとはいえないかもしれない。しかし現在、まちづくりの潮流は、マスタープラン型からプロジェクト型へと徐々に変わりつつあることは間違いない。渋谷開発はまさに、そうした新たな時代の流れを体現した、「成熟型まちづくり」の変曲点ともいえるだろう。

さて、ここまで述べてきた、基盤や建物など街の骨格の整備が渋谷のまちづくりの第1フェーズとするなら、今後はより幅広い人たちと協奏しながらつくっていく、まちづくりの第2フェーズへと移っていく。

渋谷という、世界でも有数のライフスタイル、カルチャー、ビジネスを誇る街をさらに活性化させていくためには、行政の力だけでは限界がある。次のフェーズへと進むにあたっては、地元一辺倒でもなく、プロジェクト一辺倒でもない、広い視点を持った「まちづくりのステークホルダー」が必要なのではないか、という議論が徐々に高まっていった。

そうした声に押されて、2018年に渋谷区とパートナー企業13社によって設立されたのが、「一般社団法人 渋谷未来デザイン」(第5章参照)だ。ダイバーシティとインクルージョンを合言葉に、常に実験を繰り返すことで、イノベーションを起こしていく。そう、本当の意味での渋谷のまちづくりは、まだ始まったばかりなのだ。

路上荷捌きパトロール

地域荷捌き場「ESSA」

渋谷フクラス竣工後の渋谷中央街

TAKOYAKI
CREO-RU
OKONOMIYAKI
※発泡酒ではございません
生ビール
180円
道玄坂１丁目店
The PREMIUM BEER DRAFT
大分中津からあげ
大分県
道玄坂丁目応援団
2F
漁
isari
バッキー
やまがた
何時でも何杯飲んでも
プレモル
PREMIUM BEER
180円
ご当地グルメ
最強

4F
&
4F
BAR RUDIES
Unius
道玄坂糸井眼科
菓子店
舟唄
千両

TALK—03

渋谷駅周辺の“まちづくり”のこれまで、そしてこれから

渋谷再開発のターニングポイントは、2000年、東急東横線と東京メトロ副都心線の相互直通運転の決定までさかのぼる。以来、この巨大プロジェクトはどのように進んできたのか。集まったのは、パシフィックコンサルタンツの小脇立二さん、渋谷未来デザイン前事務局長の須藤憲郎さん、渋谷区土木部道路課長の米山淳一さん、日建設計の奥森清喜さんと金行美佳さん。行政やコンサルタントなど、異なる立場からまちづくりに関わるメンバーが語り合った。

〝激流〟は東急東横線と東京メトロ副都心線の相互直通化から始まった

金行　渋谷駅周辺の再開発が進む過程で、節目節目でまちづくりに関わる行政計画がつくられてきました。計画が大きく動き出したのは、2000年の東急東横線と東京メトロ副都心線の相互直通化の方針決定から。およそ20年の歴史がある中で、みなさんはどの段階から渋谷に関わってきたのでしょうか？

米山　私はまさに2000年に渋谷区の都市計画課に配属されて、主に2006年まで。地下化する東急東横線渋谷駅跡地の活用、通過駅となってしまう渋谷にどう人をとどめるかといった都市計画の調整を行っていました。

須藤　私は、渋谷区の都市整備部渋谷駅周辺整備課に異動した2009年からですね。その後、渋谷区の次世代型まちづくりを推進する組織「渋谷未来デザイン」へ派遣され事務局長を務めました。

奥森　2009年といえば、いよいよ渋谷ヒカリエの都市再生特別地区が提案され、それに続く街区の計画が具体化していく時期ですね。

小脇　僕が渋谷に関わり始めたのは、まだ激流の前の〝川〟が流れ始めるかどうかという1997年くらい。東急さんと地下の将来計画案をつくったのが最初です。計画が動き始めたあとは、みなさんと一緒に、息継ぎもできないまま20年間泳ぎ続けて今に至る……ですね。

奥森　渋谷に青春をかけたわけですね(笑)。日建設計の関わりは2003年、都市再生緊急整備地域をかける議論を始めた頃から。各鉄道と駅前広場をどうするのか、都市基盤と建物と鉄道を一体にして考えなければいけないフェーズで、渋谷スクランブルスクエアにおける建築敷地と、駅前広場の土地の入れ替えのような、再開発の大きな骨格の議論が始まったタイミングでした。

金行　私も行政計画のお手伝いをさせていただいてきましたが、歴代の行政計画を振り返りながら、当時のみなさんの想いや印象的なエピソードについてうかがいたいと思います。

米山　最初に、渋谷区がまとめたのが、2003年の「渋谷駅周辺整備ガイドプラン21」です。国道246号の計画、明治通りの計画をそれぞれ委員会をつくって進める中で、渋谷の特徴である坂

道や路面店を活かして、人中心の歩行者ネットワークをつくるという方針になりました。

小脇　スクランブル交差点をなくすとか、渋谷駅ハチ公広場をサンクンガーデンやデッキに、という案もありました。最終的には、ハチ公を移動するなんてあり得ないという結論になりましたが。

奥森　街全体をデッキや地下でつなぐアイデアは引き継がれていますし、渋谷スクランブルスクエアと宮益坂方面・道玄坂方面をつなぐデッキネットワークの計画は当時からありました。

米山　谷を埋めるというか、その上に尾根を通すような発想ですね（P67上参照）。

金行　ただ、「ガイドプラン21」では、鉄道改良についてはまったく書かれていませんね。

米山　さまざまな事業者が関係するため、行政だけで実行するのは難しくて。渋谷は複数の路線が混在していることもあって、鉄道事業者との検討には時間を要しました。

小脇　委員会には、町会や商店会の方もたくさん参加されていたんですよ。地下鉄13号線（現 東京メトロ副都心線）以外の鉄道がどうなるかという不確定要素は現状同様として考えて、そのうえで何ができるかをずっと議論していきました。

須藤　住民と合意を結んでいく手法として、都市計画の策定段階から地元を巻き込んだ大きな会議体で検討していこうという発想でしたよね。

米山　私は、これが地元も巻き込んだ渋谷のまちづくりの初めての例じゃないかと思うんです。というのも2000年以前の地区計画は2つしかなくて、それらは行政がつくった計画を民間が実行していく形でしたから。それが2000年の「都市計画マスタープラン」で提示された「みんなで進めていく」という考えに合わせて、地域と行政、民間が一緒に進めていくことになって。

金行　街のつくり方が、２０００年以降に大きく変わったんですね。

奥森　そうですね。その第一弾ともいえる「ガイドライン２００７」は、鉄道や駅前広場の再編、渋谷川の再整備がテーマ。民間の再開発事業全体のガイドラインをつくろうということで、「文化」や「環境」もテーマに盛り込み、都市再生をかなり意識した内容になりました。

金行　検討にあたっては、「地元調整協議会」が設立されたことも大きなトピックです。

小脇　「再開発を進めるには、地元の人たちと情報を共有し、意見をもらい、計画にフィードバックする仕組みが必要だ」という渋谷区さんの確固たる意志のもと立ち上がりました。地域の方々と議論をする場と、計画を詰めていく場が両輪となって機能していました。

金行　そのあと、駅街区など周辺開発の計画が具体化する中で、「渋谷駅中心地区まちづくり指針２０１０」が策定されました。

須藤　行政が計画をつくり、民間は意見を出すというすみ分けができて、座組みが明快になりました。みんなが渋谷をいい街にしたいと思っているということを、協議会もだんだんと理解して、本音が出るようになっていった。「渋谷らしさ」について語るページもつくって、地元の方々の街への思いをしっかり表現できたと思います。

奥森　「渋谷らしさ」とは何か、１年間くらいずっと議論をしていましたよね。

かつて"裏側"だった渋谷川が生んだ、新たな可能性

須藤　「指針２０１０」では、国道２４６号の南側についても言及していきます。街が発展していくために欠かせない環境面の提案として、「風の道」や「緑の軸」といったキーワードを表現できたことは大きかった。こういうことって、ちゃんと書いておかないと誰も意

SHIBUYA PEOPLE

**未来はわからない
だからこそ計画に熱い
思いをかける**

米山淳一
渋谷区

識しませんから。

小脇　渋谷川については、技術的な話から、どう使っていくかまで、長く議論していましたよね。

須藤　東急東横線の跡地が、渋谷ストリームの開発によって遊歩道という公共空間になったのはすごく価値のあること。それと渋谷川をいかに結びつけるかが、これからの課題だと思っています。

奥森　治水という点でも制約がありますし、都市開発において、本格的に川に取り組んだ事例はあまりありません。また、これまでは〝裏側〟というか、誰も意識していなかった渋谷川に、たくさんの人が行き交うようになったという意味では、大きなインパクトがありました。

米山　周辺に店もどんどん増えているし、オフィスも入りつつありますし、渋谷川沿いの景色もこれから変わっていくでしょうね。

須藤　渋谷未来デザインでも遊歩道に「PARK PACK」というコンテナを設置して、誰がどんな使い方をするといい公共空間として都市に埋め込まれるか実験をしました。イベントをすると、人の流れや属性はどうなって、地域にどんな影響があるのかといったデータを取って。今後は、渋谷区さんが共催してくれると思っています(笑)。

金行　これぞ官民協働！　いろいろなところで街が変わっていくタイミングなんですね。

公共と民間が議論を交わしながら進めた都市計画

金行　東京メトロ副都心線の乗り入れからスタートして、最終的には東急やJR東日本と、鉄道をここまで大きく改良したまちづくりは、ほかにはない事例だと思うのですが。

米山　すべてが芋づる

式に絡み合っていたんです。まず東京メトロ副都心線と東急東横線が相互直通運転することになって、渋谷を〝通過駅〟にしないように、渋谷ヒカリエを建てて人の流れをつくらなければならなかった。あわせて東急百貨店東横店も改良しなければならず、建物に入っている東京メトロ銀座線の駅を動かす必要があった、というように。

奥森　銀座線をどう動かすのか、JR埼京線を山手線に近づけて利便性をいかに高めるのかについても多くの議論がありました。

米山　2003年の「ガ

イドプラン21」では、議論はあったものの、技術的な検討や費用負担などの調整が必要で、当時は行政としてそこまで踏み込めなかったんです。でも、ある瞬間から計画が一気に動いていった。

小脇　大きな契機となったのは、やはり「鉄道事業者会議」。渋谷駅が抱える課題をどう考えていくのかという議論を、損得の話も損得抜きの話も含めて両方やった、本当にコアな会議でした。

金行　鉄道事業者会議という場づくりだけでも、さまざまな調整が必要ですよね。複雑な計画であり、複数のステークホルダーがいる中で、どういうメンバーで、何を目的に検討するのか。場の立て付けを決めていくことが大事なのですね。

小脇　その会議を推進されたのが、「ガイドプラン21」の検討委員会で副委員長だった東京大学の家田仁先生。「絶対にやり遂げなくてはいけない」と奮闘されていました。

須藤　当時は、個人の力が状況を動かす大きな材料になっていたんですね。そして「指針2010」で、ようやく鉄道をどう改良していくかを打ち出せたわけです。ただ行政側は「こうあるべきだ」と言うことはできても、実際に事業を進めるのは鉄道事業者ですから、そこが非常に難しいところで。

小脇　あの頃は、毎日のように喧々諤々の議論を交わしていましたね(笑)。

須藤　小脇さんには、これら渋谷駅周辺の都市基盤をどう整備していくのかをまとめた「基盤整備方針」の検討にも関わっていただきました。

小脇　僕は行政のコンサルタントでありながら、民間事業者のコンサルタントでもあって、「お前はどっちの立場だ」と何回言われたことか(笑)。最終的には、行政と民間の共通解を見出せたことで、2009年に都市基盤の都市計画が策定されました。これもフェーズが一気に変わった瞬間のひとつだったと思います。

奥森　渋谷駅周辺のまちづくりは、鉄道だけでなく、駅前広場や渋谷川も含めた都市インフラの再編を公民連携で推進した、時代の変わり目を象徴するプロジェクト。まちづくりは、もう行政だけ

須藤憲郎
渋谷未来デザイン

SHIBUYA PEOPLE

行政計画は、みんなで議論をするためのツールのようなもの

でやるという時代ではありません。どっちが公共でどっちが民間という線引きもなく、お互いに一歩ずつ踏み出し合って進めていましたね。

米山 個人の思いと組織の思いはまた別ですから。ユーザーが「駅の乗り換えがしづらい」と感じていたとしても、企業としてお金を出せるかどうかは別の話ですし。やはり一歩踏み込めるかどうかと、いかに合意形成するかなんでしょうね。

金行 最終的には、みんなが握手をしているからすごいですよね。都市計画には書かれていない、並々ならぬ苦労の賜物だと思います。

エリアマネジメントから生まれる「渋谷モデル」を世界に発信する

小脇 昔だったら、「20年かけて計画して、20年かけて実現すればいい」という感覚だったはず。でも渋谷駅周辺の計画には明確なリミットがありました。世の中には絵に描いた餅の計画がたくさんあるけれど、渋谷の場合は、実際つくることが目的でしたから。

須藤 根本にあるのは、自然災害が起きても"人が死なない"都市基盤をつくるという想いでしょう。行政側も鉄道側も、みんなが本気でやらないと危ないという考えで一致していたからこそ進めることができたのだと思います。

金行 「指針2010」では「エリアマネジメント」というキーワードも印象的ですね。その頃から、世の中でも「街をどう運営していくのか」ということが語られ始めました。また、2016年の「渋谷駅周辺まちづくりビジョン」では、「協奏」という理念が大きく打ち出されています。

須藤 大方針をつくって中期計画を策定して……という従来のやり方では、世の中の動きについていけません。僕は東日本大震災が、人はどう生きるべきかを真面目に考えるきっかけになったと思っているんです。まちづくりも同じで、まず渋谷の歴史や地形など根本を共有するのが大事。「まちづくりビジョン」は、議論をするための叩き台、ツールのようなものだと捉えています。

SHIBUYA PEOPLE

ぶつかり合って理解する「人が主役」なのが渋谷の面白さ

小脇立二
パシフィックコンサルタンツ

奥森　結果として「渋谷駅前エリアマネジメント協議会」や「渋谷未来デザイン」ができて、まちづくりの担い手が増えてきましたね。

須藤　鉄道各社や地権者、行政が関わる協議会は、全国的に見てもかなりの特殊解。さらに今後は、渋谷未来デザインが情報共有のハブになりうるのではないかと思っています。20年、30年先までをイメージして、渋谷という街をよりよくしていくためには、若い人が主体にならなければならない。渋谷未来デザインという組織は、いかに若者にまちづくりへ参画してもらうかを考える組織だと思っています。それはまさに、行政だけではできないことですし。

米山　本当の意味での〝まちづくり〟ですね。公共施設がこれだけ増えると、維持管理にも莫大な費用がかかります。だからこそ、エリアマネジメントをやっているわけですが、取り組みはまだ始まったばかり。これからに期待したいですね。

奥森　これまでは官民協働でいかにつくるかを考えてきましたが、これからはできてからどう関わっていくかも重要。さまざまな人が集まるエリアマネジメント組織は、いろいろなアイデアが出やすい場であることは間違いありませんし。

小脇　開発の議論の中では、「渋谷の街は寛容性が高い」という話もよく出ていました。これまでの経緯を考えても、渋谷は新しいチャレンジがしやすい場所ですよね。

米山　渋谷の開発は「１００年計画」といわれますが、１００年後には、今関わっている人は誰も残っていないし、未来がどうなるかもわからない。でも、行政としての立場でいうなら、何が起こるかわからないからこそ、計画が非常に重要なんです。そこに熱い想いをかけてほしいですね。

須藤　技術が進歩すると、すばらしい恩恵を受けられる反面、失われるものも出てくるでしょう。それでも文化を削ぎ落とさず、人はなぜ生まれ、どう生きるのかという、もっとも大切なところが抜け落ちないようにしてほしい。たとえば、腕時計は電池式が一般的になったけれど、最近は機械式の良さも見直されていますよね。同じように、両面を見ながら進めていってもらいたいですね。

小脇　みなさんと話していて感じたのは、渋谷の再開発は、そのときどきのタイミングで人と人とがぶつかり合い、あるいは理解し合って動いてきたということ。人がいて初めて街として成り立つわけですから、率直に意見をぶつけ合い、納得するまで話し合う。これからも、そういう街として生きていってくれたらいいなと思います。「人が主役」というのが、渋谷の面白さですから。

奥森　駅周辺の再開発が終わると、昼間の人口がすごく増えていくでしょう。新しいユーザーがイノベーションを起こしたり、これまでにない活動をしたり。そうした広がりが「渋谷らしさ」の具現化であり、さらには〝渋谷モデル〟を日本中、あるいは世界に発信していく。再開発の未来は、そんな大きな可能性を秘めていると思います。

米山淳一　渋谷区 土木部管理課長

1989年渋谷区役所入区。土木部では公園や道路等の設計・管理などの業務に従事。2000年に都市整備部に配属。渋谷駅周辺整備事業や区内大規模開発事業、都市計画道路事業など11年間地域の視点で事業者間調整に従事。2016〜2019年 土木部道路課長。2020年〜土木部管理課長。

須藤憲郎　一般社団法人 渋谷未来デザイン コンサルタント

渋谷区土木部で道路空間の再配分による歩行者空間整備、橋梁・公園の計画・設計・管理を担当。都市整備部では、地域まちづくり、渋谷駅周辺整備に関わる都市計画、まちづくり指針策定、景観調整組織・エリアマネジメント組織組成などに従事。2017年渋谷未来デザイン準備室長。2018〜2019年渋谷未来デザイン事務局長。

小脇立二　パシフィックコンサルタンツ／渋谷エグゼクティブPM

10歳にて地元駅の駅前広場に好奇心を覚え、1983年早稲田大学理工学部土木工学科卒業。入社後、1988年頃より大規模開発の交通計画業務、鉄道駅周辺の交通結節点やまちづくり業務に従事。1990年に東急田園都市線・二子玉川駅周辺開発、1997年に渋谷駅周辺開発に従事し、そこに関わる人たちと出会い、今に至る。

奥森清喜氏のプロフィールは P.045 に掲載
金行美佳氏のプロフィールは P.059 に掲載

渋谷中央街
SHIBUYA CHUO-GAI

渋谷マークシティと国道246号に挟まれ、今も数多くの飲食店がひしめく「渋谷中央街」。
同エリアが抱えていた課題は、道路環境の整備について。
渋谷中央街の前理事長・坂入益さんと、
同地区の再開発事業のコンサルティングを担当した景山浩さん、
渋谷フクラスの事業協力者である東急不動産の長幡篤史さん、
地元協議会運営をサポートした日建設計の篠塚雄一郎さんと藤原研哉さんが語る、
再開発と地域商店街の連携、そして渋谷駅西口エリアの未来。

TALK—04

地域と再開発が、深く連携したまちづくり

SHIBUYA × COMMUNITY

商店街とデベロッパーと。つきあいを重ね、気持ちを重ねて信頼関係をつくる

坂入　中央街は「渋谷駅前商店街」という名前だった時代から数えて約60年の歴史があり、その間には何度か開発の話が持ち上がっています。「地下街をつくる」とか「西口広場の上空に回廊を」なんて構想もありました。街が変貌するとなると、当然ながら地元は騒然とするわけで……。

篠塚　なるほど、開発は地元にとってもそれだけ大きな出来事なのですね。

坂入　そして、私が中央街の理事長を引き継いだときに、「どうも西口開発の計画が進んでいるらしい」と耳にしました。渋谷の街が今のままの状態でいいはずはないと思っていたけれど、開発はやっぱり事業者さんあってのこと。とはいえ、我々も積極的に考えるべきなんじゃないかということで、地域のまちづくりの専門家である景山さんにご相談したわけです。

SHIBUYA PEOPLE

広場や周辺の開発が街が生きるか死ぬかを決める

坂入益
渋谷中央街

景山　ちなみに、坂入さんが中央街の理事になったのはいつ頃のことですか？

坂入　28歳のときだったと思います。

景山　ということは、もう40年くらい中央街に関わっているんですね。僕が話をいただいたのは２００６年頃、当初はみなさん、かなり慎重な姿勢でした。前任の理事長が地元調整協議会で説明を受けたところ、見せられたのは役所に提出するような資料で、ずいぶんと硬いものだった。素人にはわかりづらく、アドバイザーが必要だということで、声をかけていただいたんです。

藤原　景山さんも、そんなに以前から、プロジェクトに関わっているんですね。

景山　ええ。坂入さんに「こういう話があるんだけれど解説をしてほしい」と東急不動産さんの再開発の資料を見せられて、有志で勉強会を始めました。ただ資料にある数字の根拠まではわかりませんから、「事業者さんに直接聞いてはどうか」といって立ち上

げたのが再開発の検討会です。それがのちに道玄坂一丁目駅前地区、つまり渋谷フクラスの再開発準備組合へと移行していきます。

坂入　中央街でも勉強会や街歩きを何度も開き、そこで出てきた課題が道路環境の整備について。また、開発の前に中央街のまちづくりのルールを整備しようということで、どうしたらこのエリアがよくなるか話し合いを始めました。

景山　あの話し合いはよかったですね。違法駐車や違法看板のほか、路上の客引きを取り締まろうといった具体的な話が引き出せて。

藤原　開発を機にエリア全体がよくなっていったのがわかるエピソードですね。

長幡　僕が関わり始めたのはたしか2010年。東急不動産にとってこのエリアは、長く東急プラザ渋谷を営業してきただけでなく、かつて本社が置かれていた「魂」ともいえる場所。その建て替えを検討する中で、再開発というプランが立ち上がったわけですが、いざ街に出てみたらなかなか難しい状況で……驚きました。

景山　先人たちは、もっと苦しんだと思いますよ。

長幡　そうでしょうね。社内的には50年前から続く歴史がある一方で、街には東急不動産の存在感が全然なくて、地元のみなさんは慎重な姿勢どころか、距離を置いているような関係性でした。そこからのスタートでしたが、一緒に検討をしたり、パトロールをしたり。この10年でようやく「同じ街の人」として見てもらえるようになったと感じています。

藤原　地域の方との関係性を築いていくために、どんなアクションを？

長幡　最初は、毎年9月にある金王八幡宮の例大祭に参加させていただきました。正直、何をすればいいかまったくわからなかったので、

SHIBUYA PEOPLE

景山浩
タウンプランニング パートナー

人と人の間に入り 調整していくのが まちづくりの醍醐味

とりあえず、まずは行ってみたというところで。

篠塚　あのときは、怒られましたよねえ（笑）。

長幡　怒られましたねえ……。というのも、私たちが普通の服で行ってしまったものですから、「そんな格好じゃ神輿を担げないだろう！」って。でも今となっては、神輿があってよかったなと思っています。

坂入　青年会の若い人たちとつながれただけでも、かなりの前進だと思いますよ。いろんな話もできますしね。

藤原　こういう大きなプロジェクトで、まず地元の方と一緒にお祭りに参加するという話は、ほかではあまり聞きませんよね。

坂入　かつては東急プラザの入り口に神輿を置いてもらっていたんです。だから建て替えのときには、渋谷フクラスのバスターミナルの中にも置けないかとか、いろんな意見が出て（笑）。そんなやりとりをしたことも、徐々にわだかまりがなくなっていった要因のひとつでしょう。今の東急プラザの支配人さんなんて、夜にパトロールをしてくれるくらい街のことを考えておられる。

景山　まちづくりを進めるときには、もちろんトップ同士の話し合いも大事だけれど、いろいろな階層で結びつきが生まれないとうまくいきません。個人的にも、人と人との間に入って調整していくことが醍醐味のひとつだと思っています。

西口の新しいアイコン、渋谷フクラスと観光支援施設

篠塚　僕が、本地区の開発に本格的に関わるようになったのは2010年頃。開発の検討や議論の中で、バスターミナルや歩行者の動線、駐車場をどうするのかという話が持ち上がり、中央街さんから〝荷捌き場〟と化していた道路環境をどうにかしたい、というリクエストをいただいて。

坂入　最初に篠塚さんに会ったとき、道路規制にすごく詳しい人だな、と感じたんです。

景山　そう、だいたいなんでも答えてくれる。

篠塚　そうでしたか(笑)。その後、都市再生特別地区の制度を活用する中で、公共貢献として「誰でも利用できる共同の荷捌き場をつくろう」という提案をまとめていったわけです。さらに、事業区域外の道路も含めてきれいにすれば、たくさんの人が歩いてにぎわう街にできるんじゃないかと。

藤原　バスターミナルが整備されたり、国道の上のデッキが架け替わったり、中央街のメインストリートであるプラザ通りがきれいになったり。公共の場が新しくなったことによって、エリア全体にはどんな影響があったのでしょうか。

坂入　新しく観光支援施設ができたこともあって、外国人旅行者がずいぶん増えました。

長幡　渋谷フクラスの1階に公共貢献として整備された「shibuya-san」という観光支援施設は、スタッフのほとんどが外国人。彼らが渋谷を回って、楽しいと思ったところを紹介するというコンセプトで、ローカルな飲み屋とかクラブとか、ガイドブックには載っていない情報が得られるユニークな場所です。

景山　面白い施設ですよね。

長幡　開発者目線でお話しすると、10年後にはきっと、このあたりはもっと様変わりしていると思うんです。現状は、外国人も飲食店でのルールがわからないし、飲食店側も対応が完璧にできているとはいえません。それでも、これだけたくさんの人が訪れているわけですから。

景山　たとえば、座料を取る料金システムが必要になるかもしれないし、立ち飲みの店なんかも増えていくかもしれませんね。

長幡　いずれにしても大きな開発があった周辺には必ず変化が起こるもの。shibuya-sanも、この街に少しでも貢献できたらと考えています。

共同荷捌き場「ESSA」という画期的な施設の誕生

藤原　2020年1月、渋谷フクラスの地下に「ESSA」という共同荷捌き場ができたわけで

SHIBUYA PEOPLE

長幡篤史
東急不動産

まちづくりの始まりは地元のお祭りで神輿を担ぐことから

すが、完成に至るまでにはどんな議論と苦労が？

坂入　中でも大きかったのは「地元調整協議会」をつくったことでしょう。こういう方針で、最終的にはこうなりますよ、と周知を徹底できたのはよかったんじゃないかな。

篠塚　地元、開発事業者、行政が、最初に一堂に会したのは、2012年の半ばに行われた第1回の検討会でした。もちろん、本地区が都市計画提案をするにあたって、組織としてしっかり取り組んでいることを意思表示する意味合いもあったのですが、ハコをつくって終わりにならないように、施設完成後までをしっかり見据えて、体制づくりなどを丁寧に進めていった記憶があります。いよいよ着工をする2016年に「協議会」に格上げして、今でも年に3〜4回開催しています。

景山　きちんと公にしていったことで、行政のバックアップも得られましたし、後戻りできない状況をつくるという意味でも機能したと思いますね。何か問題が起きた際にも、「あのときこういう方針を決めましたよね」と振り返って確認できるのは大きかったはずです。

長幡　運営体制もよかったですよね。中央街さんが先頭に立って、渋谷区や渋谷警察署など、行政にも加わっていただけて。我々事業者がいくら旗を振っても、地元や行政の協力がなければ何もできないし、実際のところハードを整備するよりも運営していくほうがずっと大変ですから。

篠塚　中央街のように中小のビルが集まる飲食街では、路面に店舗が連なって、いい意味でゴチャゴチャして魅力的な場所になっているケースがありますよね。ただ、どうしても商品や資材搬入が必要になる。街の魅力を活かすためにも、車両の利用に一定のルールをつくるというのが、ひとつの解決策になるのではないかと考えました。

坂入　店の前で荷捌きができなくなったり、看板を置けなくなったり、個々の商店にとっては不便に感じることもあるでしょう。でも、結果的にこの街全体がよくなり、たくさんのお客さんに足を運んでもらえるようになる。

藤原　実際、開発以前と比べて、西口一帯は歩き

SHIBUYA PEOPLE

地元が本気で取り組むからこそ行政も協力できる

篠塚雄一郎
日建設計

やすくなったと感じますか？

坂入 まったく違いますね。歩道と車道の段差もなくなったし、道も広くなって。開発前よりも、荷捌きの車の台数もずいぶん減っています。

篠塚 オープン時に、強化期間を設けてパトロールを行ってから、さらに激減しましたよね。

長幡 実感としては半分くらいになりました。

坂入 それより以前から、夜間の客引き防止などのパトロールもしていて、もう１２０回以上になるでしょうか。

長幡 中央街さんと渋谷区、渋谷警察署に加えて、東急不動産も参加させてもらっています。

景山 官民協働でやっているのがすばらしい。

坂入 地元の企業をはじめ、多いときだと総勢30人くらいが参加して、けっこうな迫力があります(笑)。最近では、この街は環境美化やルールにうるさいんだというのが植えつけられてきたのか、置き看板もほとんどなくなりました。

篠塚 やっぱり地元の方が本気で取り組んでいるからこそ、行政も協力できるんでしょうね。道路上に勝手に看板や商品を置いてしまうなんて、日本中どこにでもある話ですが、地元の後ろ盾がなければなかなか手を出せませんから。

景山 荷捌きが仕事の人には、嫌われる街になってしまったかもしれないけれど(笑)。

長幡 ＥＳＳＡの稼働状況はまだまだこれからですが、地道な活動の積み上げと継続が大事ですよね。パトロール活動を通じて強く感じたことですが、しっかり作戦を練ったうえで、最後はやっぱり汗をかかないと。

さらに変化を続ける、西口エリアのこれからの課題

長幡 国道２４６号の横断デッキにアクセスしやすくなったことで、朝夕の通勤時間帯を中心に、渋谷マークシティから国道２４６号に抜けるプラザ通り側の人手が多くなった気がします。

藤原 渋谷マークシティ側の、坂の上に向かう人の流れも増えましたよね。

景山 東急不動産さんが街に戻ってきたのも大きいんじゃないですか？

長幡 どれだけ貢献できているのかはわかりませんが。中央街のゲートがある中央通りが、歩車道

12.5
GRAND OPEN
9
8
DISCOVER TOKYO
with Google
TAKE FREE
OK Google
PLAY! DIVERSITY SHIBUYA
Google
TOKYO RAMEN
DISCOVER TOKYO

の段差解消や道路拡幅、さらに街路樹がなくなったことで、約10メートル幅のインパクトのある通りになったことが大きいと思います。

景山　渋谷駅のプロジェクトが最終段階を迎える数年後には、本当に歩きやすくなるでしょうね。

藤原　西口はこれから基盤も整備されていきますし、それにともなって、さらに人の流れも変わっていくでしょうね。

坂入　個人的には、西口広場の計画は、もっとスピード感をもって進める必要があるのではないかと感じています。話が持ち上がってから、ずいぶん時間が経っていますから。

長幡　率直なところを言うと、現時点の渋谷は、先行して開発が進んだ東口に重心が移ってしまっていると感じます。東京メトロ銀座線が東に移動して、東口に地下広場ができ、渋谷スクランブルスクエア第Ⅰ期(東棟)が完成して。

景山　東口には渋谷ヒカリエもありますし。

SHIBUYA PEOPLE

開発で人の流れが変わり、そして街が発展していく

藤原研哉
日建設計

長幡　このことを、西側の街の人たちは、真剣に考えなければいけない。特に私は、街の発展なくして東急プラザの発展はない、と社内で叩き込まれているので、なおさら強く感じています。

坂入　これから南側の渋谷駅桜丘口地区にも大きな開発が控えていますし、道玄坂と宮益坂を結ぶ大山街道の整備も進むでしょう。そういう意味でも西口広場は、渋谷の西側が生きるか死ぬかが決まるくらいの大きなテーマになると思います。

篠塚　反対に、期待値が高いともいえますよね。

坂入　我々としては、広場の降り口がどのような形で中央街につながるかというのが最後の問題で。

景山　開発の順番から考えると、なかなかすぐには実現できない事情もあるところで……。西側の今後の課題は、仮設の動線をどれだけ〝人優先〟にできるかということ。最終的には、西口はバスターミナルになるので、どういう使われ方をするのかを想定して、話し合いを進めていくのが重要だと思います。

藤原　渋谷フクラスにはアーバン・コアが整備されていますし、共同荷捌き場の整備により中央街は歩行者中心の街へと変わりました。これからの開発で、西口駅前広場と中央街を行き来する人の流れがどのように変わり、さらに中央街がどのように発展していくのか注目しています。

篠塚　東急百貨店東横店が解体されると、また環境も変わるでしょうし、駅を中心としてデッキレベルで行き交う多くの人たちの姿が、周辺からも見える形になります。これもきっと、新しい渋谷の風景になっていくのでしょうね。

坂入益 渋谷中央街 前理事長

渋谷で生まれ育ち、長年飲食店の経営をしながら、2006年から商店街活動に参画。道玄坂一丁目駅前地区の当初の検討エリアでは再開発準備組合の理事長も務めた。2016年に渋谷中央街の理事長に就任し、商店街活動とともに行政等への働きかけや地元の取りまとめ役として活動。理事長退任後、現在も渋谷を拠点に飲食店を経営。

景山浩 タウンプランニングパートナー 代表取締役

1958年岡山県生まれ。地方の再開発・まちづくりコンサルタントを経て1998年独立。2005年より渋谷三丁目(のちのまちづくり推進協議会)、渋谷中央街へのまちづくりアドバイザーをきっかけに渋谷に関わる。道玄坂一丁目駅前地区市街地再開発事業、神宮前六丁目地区の再開発事業および道玄坂一丁目地区、渋谷三丁目地区・公園通り・宇田川周辺地区の地区計画策定などに従事。

長幡篤史 東急不動産 渋谷プロジェクト推進第1部 統括部長

マンションの販売・企画・開発、オフィスリーシングを経て、渋谷駅中心地区における大型複合再開発事業に12年間従事。現在進行中の再開発を推進するとともに、広域渋谷圏を中心に魅力あるまちづくりに取り組んでいる。

篠塚雄一郎 日建設計 都市部門 ダイレクター

建設コンサルタントにて行政のまちづくり計画策定や市街地再開発事業の計画立案、行政協議などに従事したのち、2008年に日建設計に入社。国内外の鉄道駅を含んだ複合都市開発事業の基盤計画などを中心に、渋谷駅や有楽町駅、下北沢駅などの国内プロジェクトのほか、中国主要都市のTODプロジェクトなどに関わり現在に至る。

藤原研哉 日建設計 都市部門 再開発計画部 アソシエイト

2009年大阪大学大学院を修了後、日建設計に入社。入社後は複合都市開発事業の都市計画コンサルティングに従事。その後、関西や九州エリアの都市計画コンサルティングなどに携わる。近年は都心部のTOD(駅まち一体)プロジェクトをはじめ市街地再開発事業のコンサルティングやパブリックスペースの利活用検討など幅広く活動。

COLUMN 01

地域やコミュニティと開発が有機的につながる

渋谷駅南西側エリアのまちづくり

ここ数年、駅中心地区をはじめとして続々と〝まちびらき〟が進む渋谷。駅前から国道246号を挟んだ渋谷駅桜丘口地区でも、駅周辺のにぎわいを代官山・恵比寿エリアへと広げるべく複数の開発が進められている。開発のキーパーソン、東急不動産 執行役員の鮫島泰洋さんに、南西側エリアのまちづくりへの想いを聞いた。

代官山を広域渋谷圏と位置づける「面的なまちづくり」

新型コロナウイルスの流行によるリモートワークの加速にあわせて、ワークスタイルやオフィスのあり方が問われている現在。働く場所がオフィス空間以外にも広がっている現状を、「逆にチャンスと捉えたい」と鮫島さんは話す。

「たとえば、複数の企業から、従業員のシェアオフィス利用を一本化してほしいといった要望をいただいています。これからは、郊外型のサテライトオフィスと都心のビジネス型のシェアオフィス、あるいはワーケーションなどをパッケージ化して打ち出すことが不可欠になるでしょう」

さらにコロナ禍がもたらす不景気は、当然のことな

がら、オフィスだけではなく商業にも大きな影響を与える。ただ商業施設をつくってテナントを呼び込むといったこれまでのやり方は、もはや限界を迎えているというのが現状だ。

「次世代型の商業施設はやはり、『コト消費』あるいは『体験型コンテンツ』に近づけていくことが必要になるでしょう。たとえば、大手のナショナルチェーンだけではなく小規模のクリエイターを集めて、随時入れ替えることでエンタテイメント性を追求するといったように、私たちも単なる場所の貸し借りを超えたやり方を模索しているところです」

渋谷駅桜丘口地区（以下「桜丘口地区」）の再開発でも、オフィスや住宅のほか次世代型の商業施設の導入が検討されており、いずれは渋谷フクラス内の東急プラザ渋谷などにもフィードバックしていきたいという。

また、渋谷駅の南西部には、東急不動産が計画を進める「ネクスト渋谷桜丘」のほか、渋谷フクラスの奥に広がる、渋谷駅西側エリアが存在する。今から10年ほど前、東急不動産の社内で描いた渋谷の将来像の中には、渋谷から表参道、渋谷駅西側エリアを巻き込んだ大規模回遊ネットワークや、渋谷川沿いの緑道整備などが盛り込まれていた。さらに、渋谷駅周辺を歩行者天国にして、機動性の高い小型モビリティを導入するといったアイデアもあったそう。

「現時点では、まだ実現に至っていないものが多いですが、無理だと思われていたことでも、誰かが言い続けることで意外と実現できたというケースってあると思うんです。とはいえ民間の力だけでは難しいので、私たちも上位計画やさまざまな政策の議論にあたって提案を行って、チャレンジを続けています」

たとえば桜丘口地区の再開発では、隣接する代官山エリアを広域渋谷圏の一部と位置づけて、地域と連携したまちづくりを目指している。

「重要なのは、住宅・オフィス・商業といった境目をなくしていくこと、そして隣接地域との連携です。渋谷に店を構えたいというテナントは増えているので、代官山を職住近接の居心地のいいエリアとして打ち出していきたい。私たちがこれから運営する代官山の賃

SHIBUYA PEOPLE

住宅・オフィス・商業といった境目をなくしていく

鮫島泰洋
東急不動産

桜丘口地区プロジェクトのイメージパース。中・高層部にハイグレードオフィス、低層部に街のにぎわいを創出する商業施設、住宅棟などを計画。周辺地区と連携し、アーバン・コア（下左）や歩行者デッキ（下右）の整備も行う。

貸レジデンスでは、桜丘口地区に先がけて、住民とテナントの連携を進めていきます」

代官山、恵比寿、青山、表参道といった広域渋谷圏はもちろん、さらには将来的なワーケーションを見据え、郊外も含めた有機的なつながりをつくること。渋谷を起点とした面的なまちづくりが理想だ。

〝ベタ〟なものをテクノロジーで実現するスマートシティはコミュニティづくり

広域まちづくりにあたっては、エリアを絞ってサービスの濃密なエリアをつくり出すことが重要になる。そして開発によってできた新たな人の流れの中から、さらに面白い動きが生まれる、と鮫島さん。

「開発が断続的に進められている渋谷・原宿・明治通りの周辺などには人が増えつつあって、そうした人たちをターゲットに、さまざまなショップが出店を進めています。それと同じように、面白いことが起きる距離感で開発を連鎖させていきたい。将来的には、開発エリア内で新たなモビリティや、AR技術の活用なども視野に入れていきたいですね」

その言葉のとおり、東急不動産では、渋谷開発をはじめ街全体のスマートシティ化を目指している。現在、さまざまな企業が同分野に参入しているが、トップダウン型によるスマートシティ化はなかなか難しい。街に受け入れられるためには、まずは住民自ら参加したくなる枠組みを整えること、すなわちボトムア

COLUMN 01	渋谷駅南西側エリアのまちづくり

桜の名所としても親しまれている同エリア。国道246号による南北の分断を解消し、駅周辺のにぎわいを代官山や恵比寿へとつなげる、新たな玄関口として期待されている。

ップ型の取り組みが必要になる。

「スマートシティの本質は、コミュニティづくりだと思うんです。たとえば、お祭りや町内会といったイベントや仕組みはコミュニティづくりにとって非常に重要ですが、こういう〝ベタ〟なものをテクノロジーで実現していきたい。あくまで人が中心で、住民や来街者の快適な暮らしを実現するという将来像を共有し、コンセンサスを得たうえで、さまざまなデータを活用していく。その積み重ねによって初めて、スマートシティが実現できると考えています」

　桜丘口地区では現在、広く地元の人にも参加してもらえる公共空間づくりとともに、そうした空間を活かしたライブパフォーマンスやマーケットといったイベントも検討しており、その中にテクノロジーをどのように組み込めるか議論を重ねているという。

「まちづくり」というと、とかく建物の低層部の話になりがちだが、南西側エリアで目指すのは、高層ビルの中にあるオフィスや商業施設を含めた、エリア全体が「コミュニティ」になること。

「商業施設はこれまで、魅力的なテナントを誘致して、それを目指してお客さんに来てもらうものでした。でも次世代型の商業施設は、人の流れのあるところにお店を出すことが重要になります。目的はなくても、そのエリアが面白いから来てくれる、そういう人たちを少しずつ増やしていくこと。公共空間を含めた街全体としてにぎわいを生み出して、その中にお店がある、という状態をつくりたいんです」

　〝ベタ〟なものがテクノロジーによって実現されて、住む人、働く人、訪れる人が一緒になって街ににぎわいを生み出す。今まさに始まりつつある、渋谷駅南西側エリアの新たなまちづくりに注目したい。

パーソナル
三井住友信託銀行
4F 八重洲コンタクト
三菱東京UFJ銀行
ZARA
109MEN'S
Glico
www.Sib-tv
ハチ公前のくすり屋さん
SANZEN

TSUTAYA
KARAOKE
渋谷駅前
Shibuya Sta.
STARBU
ぶん楽
TSUTAYA
本
7F
WIRED TOKYO
渋谷整形
ここから

Chapter-3 第3章

渋谷とパブリックスペース

SHIBUYA × PUBLIC SPACE

再開発の重要なテーマのひとつは、渋谷の街で育まれてきたストリート文化の再構築。その実現にあたって大きな役割を果たしたのは、公園や広場、地下や屋上空間など、街の中に点在する大小さまざまなパブリックスペース。「渋谷リバーストリート」「MIYASHITA PARK」「渋谷パルコ」などの事例から見えてくる、新しい公共空間のあり方とは?

TALK—05 | P.118 |
開発から生まれた新しい居場所、
渋谷川再生と渋谷リバーストリート

TALK—06 | P.130 |
2つの"公園"から見えてくる、
パブリックスペースと商業の新しい関係

渋谷再開発では、新しい渋谷を象徴するパブリックスペースがいくつも生まれている。各街区に設けられたアーバン・コアはもちろん、地上約230メートルにある渋谷スクランブルスクエアの展望施設「SHIBUYA SKY」、観光案内機能を持つアップライトカフェを併設した「渋谷駅東口地下広場」、さらには、銀座線ホームの上空につくられた、街を東西につなぐスカイウェイの一部である「渋谷ヒカリエヒカリエデッキ」……。

しかし、渋谷のパブリックスペースは、開発によって生まれたこれらの空間だけではない。そもそも渋谷は、センター街や公園通り、スペイン坂にファイヤー通りといった、それぞれ異なるカルチャーを持ったストリートによって文化がつくられてきた。さらに、待ち合わせやイベントなど多くの人でにぎわう渋谷駅ハチ公広場やSHIBUYA109前のイベントスペースなど、広い意味での「パブリックスペース（公共空間）」を活用してきた歴史がある。

最近では、行政により「渋谷どこでも運動場プロジェクト」が企画されるなど、公園はもちろん道路空間や商店街、店と店のスキマなど、街のあらゆる

Shibuya × Public Space Chronology

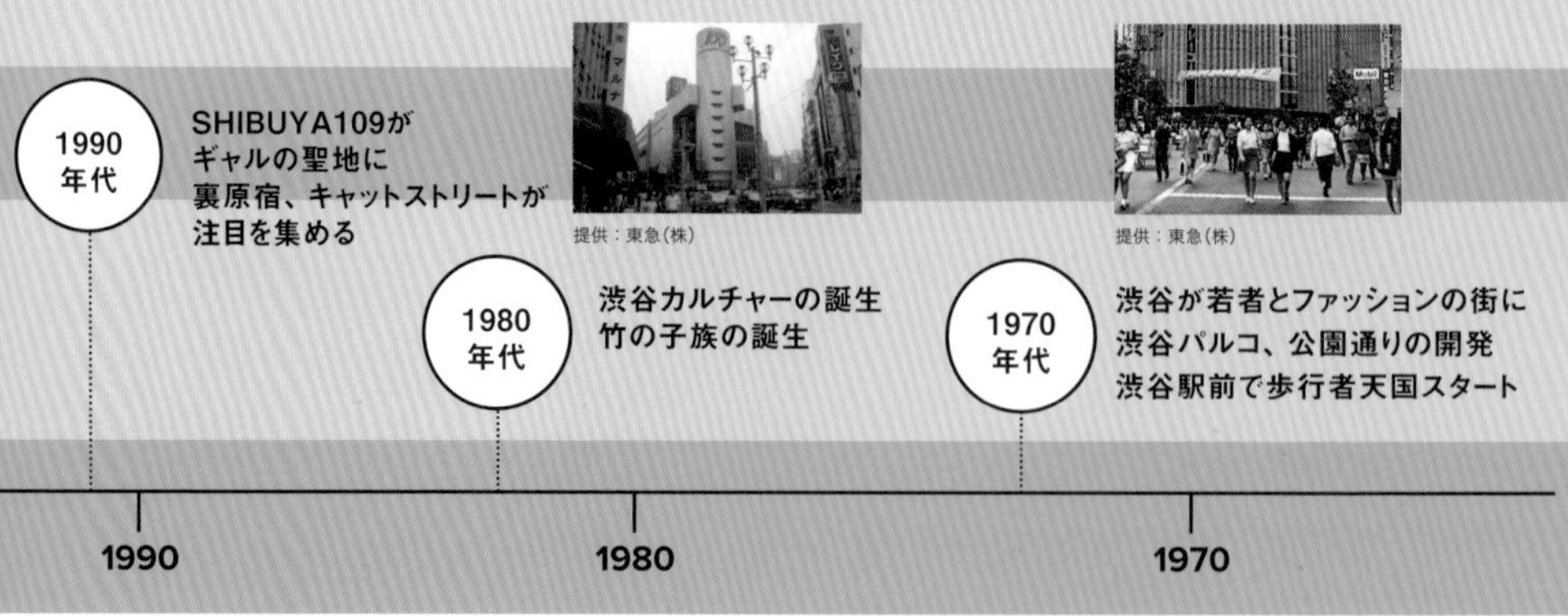

場所へと、そうした空間が広がりつつある。

ここで少し、日本のパブリックスペース事情についても触れておきたい。かつて日本のパブリックスペースは、ヨーロッパやアメリカの「広場」の思想をベースとして整備が進められてきた。高度経済成長期は、西新宿に代表されるような広幅員道路と大規模な空地(広場)、その中の超高層ビルといったような空間構成が主流。それに基づいて法制度の枠組みが整理され、建物と公共空間は個別の存在として、それぞれの質を高めてきた。

海外に目を向けると、1990年代以降のニューヨークでは、周辺の企業やイベントや収益によって再生された「ブライアントパーク」、廃線になった高架跡地を活用した「ハイライン」など、新たな公共空間のあり方が議論され、さまざまな成功事例が生まれている。

日本でも、2000年代に入ると、六本木ヒルズや、東京ミッドタウンの「グリーン&パーク」など、公民横断型の大規模な事例が登場。パブリックスペースは、いつしかエリアの価値を大きく変えるポテンシャルを持つまでになった。

働く場所がオフィスビルの中だけではなく、自宅

MIYASHITA PARK

渋谷パルコ

渋谷リバーストリート

SHIBUYA SKY

2010年代
大規模開発竣工
さまざまなパブリックスペースが誕生

2000年代
大人も若者も集う街へ
セルリアンタワー、
渋谷マークシティ開業

2020　2010　2000

やシェアオフィス、カフェなどに拡大しているのと同じように、パブリックスペースもより街に開かれたものへと変わりつつある。さらに新型コロナウイルスの流行が、こうしたムーブメントに拍車をかけた。これまでムダとされていた「スキマ」が価値を持つのは、まさに社会の成熟そのものといえるだろう。

また現在、道路や河川、公園といった公共空間は、もはや行政の力だけではなく民間の資本も使いながら整備していくものへと変化しつつある。それに伴い、つくりっぱなしではなく、その後どうやって使っていくかといった、運営面における視点も重要になっているのだ。

渋谷川沿いと高架跡地を開発した「日本版ハイライン」

渋谷に生まれたパブリックスペースのうち、公有地を大々的に再編しているという意味で特徴的なのは、渋谷ストリームの開発に伴って官民連携により再生された「渋谷川」と、MIYASHITA PARK

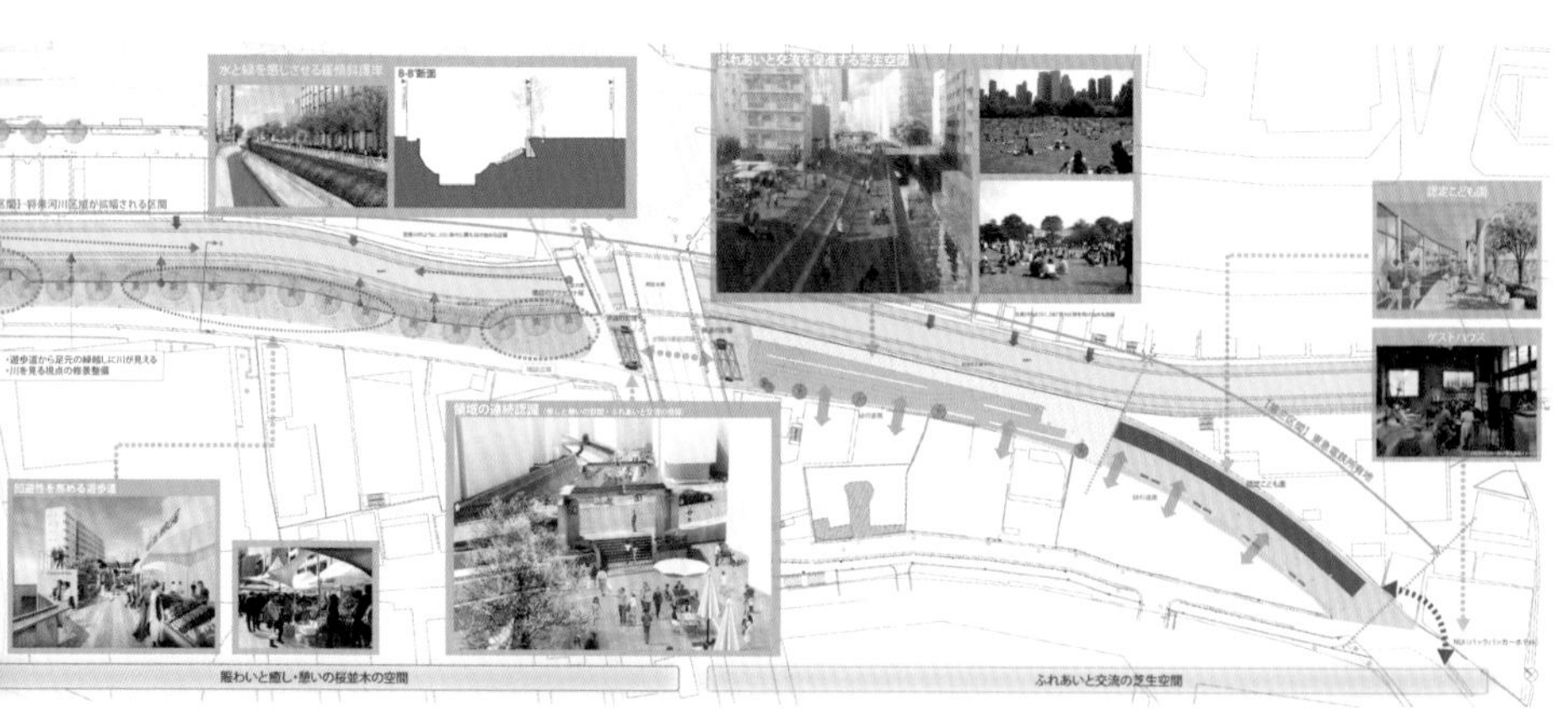

渋谷川の整備イメージ

として生まれ変わった「渋谷区立宮下公園」だろう。

2018年に開業した渋谷ストリームは、旧東横線渋谷駅のホーム、線路跡地などを対象とした再開発プロジェクト。その都市計画に係る公共貢献の大きなテーマが、敷地に沿うように流れていた渋谷川の再生だった。

かつては生活用水や農業用水として使用され、唱歌「春の小川」のモデルになるなど地域の人たちに親しまれた渋谷川は、都市化に伴って建物が川岸まで密集し、水量が非常に少なく水質も悪化していた。それらの回復とともに、渋谷ストリームと同時にオープンした複合施設「渋谷ブリッジ」へとつながる約600メートルの細長い敷地に、渋谷ストリーム前 稲荷橋広場・金王橋広場という2つの広場を備えた遊歩道を整備。道沿いには、かつての東急東横線の記憶を伝える鉄道遺構なども残されている。

川沿いの空間は、「渋谷リバーストリート」と名付けられ、ランチタイムにはキッチンカーが出店するほか、マルシェや音楽ライブ、地域のお祭りといったイベントも開催。旧東横線渋谷駅のホー

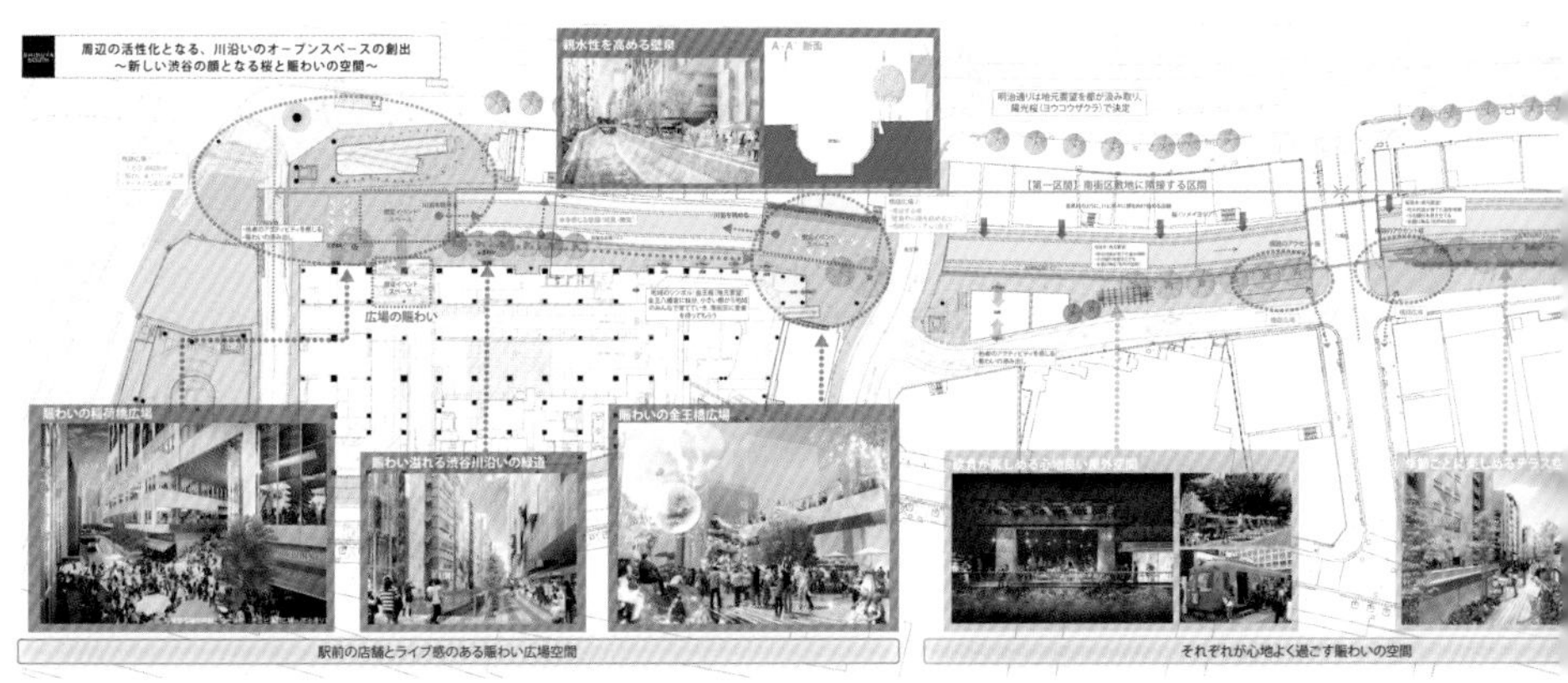

ム、線路跡地などを開発した「日本版ハイライン」ともいうべきリニアな空間は、敷地の内外が一体的に連続するパブリックスペースとして、地域の人たちに親しまれている。

渋谷の街は、国道246号によって南北に分断されており、その解消は大きな課題のひとつ。北側のストリート文化を南側へ拡張するという意味でも、同プロジェクトは、まさに渋谷らしいパブリックスペースのつくり方といえるだろう。

公共空間と商業施設が一体となった「MIYASHITA PARK」「渋谷パルコ」

公園という公有地を活用した開発で、渋谷の公民連携の先がけともいえるのが「MIYASHITA PARK」。2020年、地下に駐車場を備え、原宿へと続く北側のランドマークとして親しまれていた旧渋谷区立宮下公園が、立体都市公園制度を活用した3階建ての「MIYASHITA PARK」へと生まれ変わった。

上空に「キャノピー」(天蓋)を設えた施設屋上部分には、スケート場やボルダリングウォール、多目的運動施設、芝生ひろばやカフェを備えた「渋谷区立宮下公園」が整備された。また、公園足元に位置する3層の商業施設「RAYARD MIYASHITA PARK」には高感度なハイブランドやカルチャーブランド、全長約100メートルの「渋谷横丁」をはじめとする飲食店、ダンススタジオなど多様な店舗が集積し、原宿側の一角にはホテル「sequence MIYASHITA PARK」を併設している。

敷地を横断する美竹通りにブリッジをかけ南北2棟の施設を接続し、さらに商業施設2階のアウトモールを2本の既存歩道橋と接続するなど、シームレスに街とつながる工夫がされている。

また、2019年には、MIYASHITA PARKから美竹通りを上がったところにある渋谷パルコがリニューアルオープン。公園というパブリックスペースが基本にあるMIYASHITA PARKに対して、渋

MIYASHITA PARK

渋谷パルコの立体街路

渋谷リバーストリート

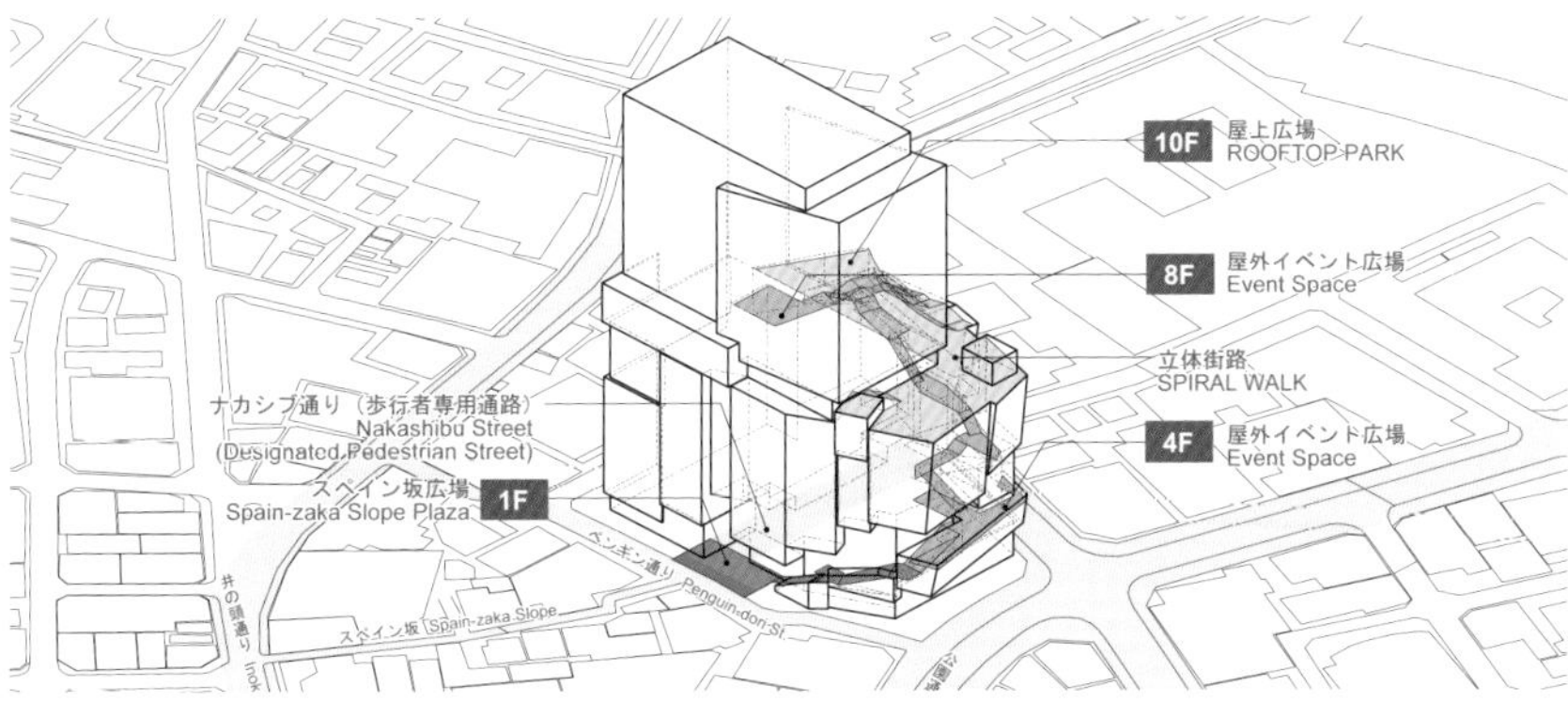

新渋谷パルコ パブリックスペースのアクソノメトリック

谷パルコは商業やエンタテイメントの中にパブリックスペースが溶け込んでいるのが特徴だ。

施設内には、スペイン坂広場、屋上広場に屋外イベント広場といったパブリックスペースのほか、劇場やホール、公共貢献として次世代のクリエイターを発掘するための売り場が設けられている。さらに、かつて旧渋谷パルコ パート1とパート3の間にあったサンドイッチ通りを、24時間通り抜け可能な歩行者専用通路(ナカシブ通り)に。

建物の外周には「立体街路」があり、渋谷駅から公園通りを上がり、街路を回って屋上広場まで歩いていけるというコンセプトのとおり、周辺の公園通り、オルガン坂、ペンギン通り、スペイン坂などがつながっていく。かつて渋谷パルコが自らつくってきた、渋谷のストリート文化とパブリックスペースを融合した事例といえるだろう。

都市計画をストリートレベルに落としたプロジェクト

ここまでに紹介した渋谷リバーストリートとMIYASHITA PARK、2つのプロジェクトには、

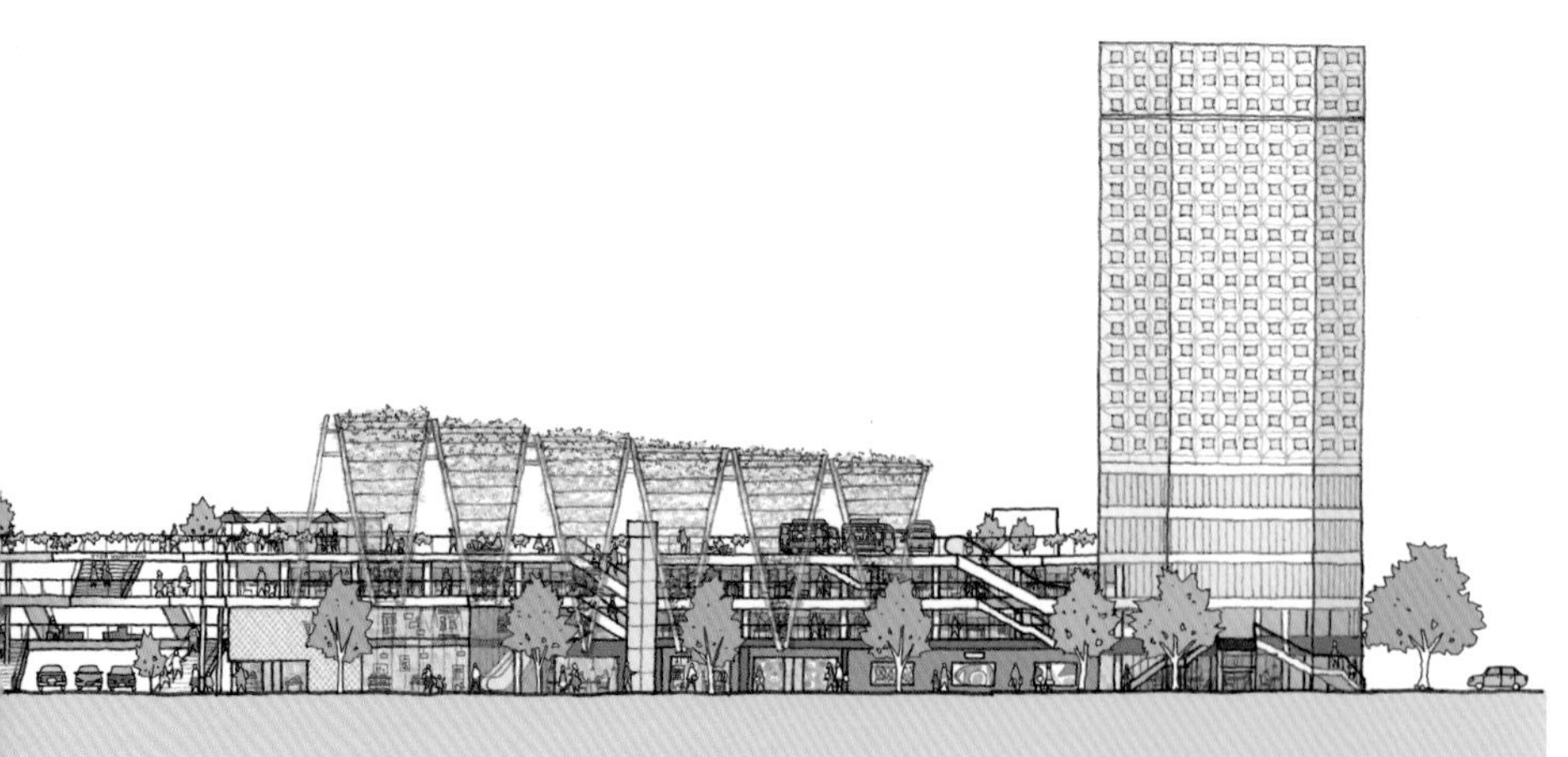

MIYASHITA PARK立面

それぞれ共通点が多い。

ひとつは、渋谷川は東京都が管轄する河川であり、宮下公園は渋谷区が管轄する公園と、まさに公有地を活用していること。都市再生特別地区制度や立体都市公園制度を活用し、行政と民間が連携することで、川の上、道路の上、公園の下といった公共空間を、新しいパブリックスペースとして生まれ変わらせている。

もうひとつは渋谷川が約600メートル、MIYASHITA PARKが約350メートルの、線形の敷地であるということ。渋谷リバーストリートが整備されたことで、代官山方面への人の流れ自体が見える化され、周辺では大小さまざまなアクティビティや変化が起こっているし、MIYASHITA PARKもキャットストリートや原宿方面に新たな人の流れを生み出している。

渋谷の街を南北へと伸ばし、駅中心地区のにぎわいを周辺エリアへと拡大する。敷地が長く、街への影響範囲が大きいというのも、ウォーカブルでリニアなパブリックスペースならでは。これまでのパブリックスペースでは、とかく広さが求め

SHIBUYA × PUBLIC SPACE | PICK UP

今、渋谷の"屋上"が面白い!?

展望施設に立体公園、歩行者デッキ……。渋谷の街に新たに生まれたパブリックスペースの中で今、最も注目を集めている"屋上"空間をご紹介。

渋谷を一望、マーケット型
飲食空間&イベントスペース

ROOFTOP PARK

渋谷パルコ

スケート場やボルダリング!
商業施設と一体の立体公園

渋谷区立宮下公園

MIYASHITA PARK

宮益坂上までスムーズに移動
街に開かれた歩行者デッキ

渋谷ヒカリエ ヒカリエデッキ

渋谷ヒカリエ

スクランブル交差点の喧騒と
夜景が楽しめる屋上テラス

SHIBU NIWA

渋谷フクラス(東急プラザ渋谷)

地上約230メートルにある
体験型展望空間

SHIBUYA SKY

渋谷スクランブルスクエア

られる傾向にあったが、それとは違った価値を持っている。

また、この2つのプロジェクトは、渋谷駅の周辺(中心地区)とは異なるコンセプトで、まちづくりがされているというのも特徴だ。中心地区は、アーバン・コアやデッキなどによって、いかにして渋谷駅を中心とした多層構造の歩行者ネットワークをつくるかがテーマ。しかし、駅から少し離れた渋谷リバーストリートやMIYASHITA PARKのテーマは、水や緑といった自然。中心地区にあるパブリックスペースがイベントや祝祭だとするならば、日常や憩いといってもいい。

渋谷は駅を中心とした谷地形で、中心部には広い土地がなく、一つひとつのパブリックスペースは決して大きいとはいえない。しかし、地下や河川、道路やデッキ、そして商業空間や展望空間と、複数のパブリックスペースが街のさまざまなレベルに生まれ、立体的なつながりを見せている。地形や敷地のマイナスをプラスに変えているのが、渋谷のパブリックスペースの面白さといえるだろう。

本章の冒頭で、これまで日本のパブリックスペースは海外の広場をモデルにしてきたと書いた。しかしながら、そもそも日本は、江戸時代の五街道を見てもわかるとおり、広場というより通りを中心とした「みち文化」によって街が形成されてきたという背景がある。渋谷のパブリックスペースを見ていると、そうしたマインドは今も都市にインプットされており、それこそが日本ならではのパブリックスペースのあり方ではないかとも思わされる。

渋谷再開発のテーマのひとつは、いかにして渋谷らしいストリート文化を残し、そして再構築していくか。都市計画をストリートレベルに落とすという発想自体、これまでの再開発には見られなかったこと。それを実現する重要なピースが、渋谷の街の至るところに点在する大小さまざまなパブリックスペースだったのだ。

IGNIS
3W 3X3 WOMEN'S BASKETBALL GAMES
60
60
61
61

羊
やってます。
渋三さくら祭
主催：渋三さくら祭実行委員会

TALK—05

開発から生まれた新しい居場所、渋谷川再生と渋谷リバーストリート

2018年9月に開業した渋谷ストリーム。同開発の大きなテーマは敷地に沿うように流れる渋谷川の再生で、清流の復活とともに、川沿いの空間は2つの広場を備えた「渋谷リバーストリート」へと生まれ変わった。渋谷川環境整備協議会の運営に携わった渋谷区の奥野和宏さん、渋谷ストリームの開発・運営を手がける東急の大竹成忠さんと吉澤裕樹さん、渋谷リバーストリートのデザインを担当した日建設計の安田啓紀さんと坂本隆之さん、福田太郎さんが、官民が連携した再生プロジェクトを振り返った。

さまざまな人が関わり、魂を入れて取り組んだプロジェクト

奥野 渋谷駅周辺の再開発には、「渋谷駅中心地区まちづくり指針2010」ができた頃から関わっています。当時、私は渋谷区周辺整備課の係長で、渋谷川に関わるようになったのは2016年、第二区間の渋谷川環境整備協議会を立ち上げた頃からになります。

大竹 私は2011年から。渋谷ストリームは隣接地権者と共に行う共同事業で、開発手法としては都市再生特別地区の提案を念頭に進めました。公共貢献として渋谷川をどのように整備していくか、東京都・渋谷区の方々と整備内容をご相談させていただいて。

吉澤 私は開業の約1年前の2017年10月から。渋谷川については、渋谷区との使用契約やスキームなどが詰められていない状態でしたから、これは魂を入れて取り組まなければと。

安田 私は大竹さんと一緒に、都市計画の提案に関わっていました。そのあといったん、プロジェクトからは離れましたが、渋谷駅周辺エリア全体の計画を考えるコンセプトブックを東急さんと一緒に制作したんです。「こんな未来になるといいよね」というソフトの部分についての街の物語を描いたもので、のちのち運営を担当する方にとってもアイデアがひらめくようなものにしたかった。

坂本 私はプロジェクトの後半からメンバーに加わりました。どちらかというと私は最終的にモノに落としていく、コンセプトを実装していくときの価値判断みたいなところを支援する立場です。

安田 渋谷川の約600メートルという開発部分は、かなりのインパクトがあります。その上にどういうソフトが乗ってくるべきなのか。でもそのソフトがきちんと乗るためにはハードも重要ということで、都市計

SHIBUYA PEOPLE

渋谷駅前だけではない「大中小のまちづくり」を始めよう!

奥野和宏
渋谷区

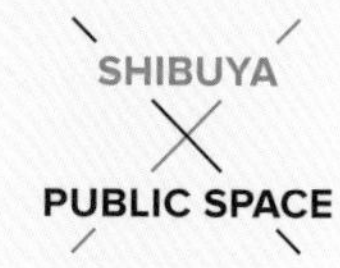

画から始まって、最後は手すりの収まり方まで検討していました(笑)。

坂本　このプロジェクトでは建築のあり方を変えていくようなプロセスに関わらせてもらったと思っています。こうしたランドスケープに関わるというのは、弊社でもそれほどたくさん機会があるわけではないし、ましてや渋谷という環境の中での「川」ということ自体も珍しい。私自身、非常に勉強させていただきました。

福田　我々コンサルタントや設計者は普段、あるテーマやフェーズごとに関わることが多いのですが、これだけ長期で、しかもさまざまな人が入れ替わり立ち替わり関わるプロジェクトは、とても貴重な経験でした。

地域の宝であり、課題でもあった渋谷川をどう再生していくか

大竹　特区提案にあたって、提案の目玉となる「カツカレーの〝カツ〟は何か」という議論がありました。旧東横線渋谷駅のホーム、線路跡地およびその周辺地区というリニアな場所で、かつ川に沿った場所なので、やはり目玉は「渋谷川の再生」。ただ当時の渋谷川は「臭い、汚い、暗い」といった、いわゆる3Kの状態で……。

奥野　川沿いのビルも老朽化しているし、耐震化が進んでいないという課題もありました。行政としても、街が大きく変わるきっかけになればいいなという想いはありましたね。

福田　当初は、川の存在自体が一般には知られていなかったんですよね。

奥野　ただ地元で意見交換会やワークショップを開いて、「地域の宝物は何ですか?」と聞くと、渋谷川というワードは必ず出てくるんですよ。一方で、「地域の課題は何ですか?」というと、そこでも必ず渋谷川が出てくる(笑)。

大竹　特区提案の際には、3つのキーワードを

うたいました。ひとつは、河川敷地占用許可準則が改正され、にぎわいのための施設が占用できるようになったので広場をつくろうということ。2つ目は清流復活水。当時すでに東京都が高度処理した水を放流していたのですが、それを延伸して、壁泉という装置を使って流す。

福田　たしかに当時は水がほとんど流れていなくて、そこに何とか水を流そう、ということで、技術的な面もかなり密に詰めましたよね。

大竹　はい。最後は、渋谷から代官山、恵比寿方面へとつながる遊歩道を整備すること。この3つの施策を通じて、官民連携して渋谷川を再生していきましょうと提案しました。

奥野　都心の真ん中に水が流れているというのは貴重な資源だし、すぐそばには金王八幡宮もある。川と神社という、地域にとっても貴重なリソースが揃っている場所ともいえます。

安田　渋谷川は童謡「春の小川」のモデルにもなった川で、かつては地域住民の生活用水としても利用されていました。そういう意味では、スクランブル交差点あたりの人がワーッと行き交う感じと違って、もう少し落ち着いたエリアなのかな、と。ハレとケでいう「ケ」の部分で、都市開発では、あまり目指さない光景ともいえます。

SHIBUYA PEOPLE

“余白”を使い倒すと街はますます面白くなる

大竹成忠
東急

福田　地元の方からは、具体的にどんな意見があったのでしょうか。

大竹　渋谷川をよくしたいということに関しては、みなさん共通していたと思います。渋谷川環境整備協議会も立ち上げて、地元の方々の意見も反映された空間ができあがったのかなと。

福田　渋谷川自体は東京都の管轄ですし、川沿いの空間には、実は見えない境界線がたくさんあります。でも、その線を感じさせないような一体化した空間づくりがされていますよね。

坂本　最初につくったのは、6メートルほどの巻き物状の資料でした。長い敷地なので、それが連続的にどういう体験を生むのか。僕らの役目は

そこでどんなことがしたくなるか、その仕掛けをつくっていくことだからです。

福田　デザインは、まさに手すりひとつに至るまで、想いが込められていますよね。

安田　リニアに続いていく川の風景を記憶として定着、または拡張させるため、ストライプ状の平板で舗装をつないでいくことで、渋谷川のダイナミックさをより感じてもらえるような仕上げにしています。また、橋ごとに少しずつ風景が変化するように区間を分けるなど、シーンの展開にかなり気をつけながらデザインしていきました。地味ですが、渋谷ストリームの道路側のデッキもちょっと張り出させていて。

©DAICI ANO

SHIBUYA PEOPLE

渋谷川再生は魂を入れて取り組むプロジェクト!

吉澤裕樹
東急

坂本　川を俯瞰できるような小さな場所を設えました。

奥野　実は、ちょうどそこに官民境界線があるんです。でも現地で見るとまったく気がつかない、これは非常に画期的なことです。

安田　河川境界の柵は、目になじむ素材感や光に反射してきれいに見える効果、さらにコストも考えて鉄筋を使っています。バリを一つひとつ取らなければいけないし、手間暇はかかるのですが、街に親しまれるかどうかを主眼に置きました。

坂本　旧東急東横線の高架橋の柱番号を残すという発想も、街の記憶を残せたという意味で、とても面白いと思いました。

安田　単純に遺構として残すのではなく、新しい居場所になったのがよかったですよね。僕らはかつて鉄道があったことを知っていますが、若い人

渋谷ストリーム　設計：東急設計コンサルタント

たちはそんなこと、思いもしないかもしれない。ノスタルジーとは違う意味で、大事な刻み方ができたような気がします。

福田　吉澤さんは渋谷川沿いをはじめとして、駅周辺でさまざまなイベントを企画されていますよね。

吉澤　渋谷ストリームの開業は、渋谷駅中心地区の大きな〝まちびらき〟で、官・民・学・地元の四位一体という、ほかの街にはあまりない渋谷らしい形態でした。渋谷川に関していえば、集客をドーンと狙うというよりは、ハレとケの「ケ」の要素が強い。ほどよく賑わいはありながらも憩いの場である、ということを意識していました。

愛着の湧く場を目指した イベントや社会実験

福田　東京オリンピックを前に、駅中心地区の各プロジェクトがいっせいに開業する、その第一弾が渋谷ストリーム。いよいよ渋谷が変わるんだ、という期待を一身に背負っていたように感じます。

吉澤　ただ自分は、川びらき、渋谷南エリアのまちが開くという感覚でいました。約600メートルの空間の中で継続的に根づいていく活動をしたいと考えて、今もそれを続けています。

大竹　キッチンカーなども出店しているし、アーバンファームにも取り組んでいますし。

吉澤　ランチ難民が多いエリアということで、キッチンカーを置いてみたところ、とても好評で。アーバンファームは、渋谷で唯一の水辺空間と親和性もあると考えて、NPO団体と協働し、野菜や果物を栽培しています。隣の保育園に間引き野菜を届けることで、子どもたちの食育にも役立っているそうです。ほかにもホップを育ててクラフトビールをつくる計画もあるし、不定期でマーケット系の取り組みも開催しています。あとは、3人制バスケットの3×3(スリー・エックス・スリー)ですね。

福田　コートの収まりがぴったりですよね。大階段がある背景も面白いですし。

大竹　みなさん気づかないかもしれませんが、何といっても川の上にあるコートですからね。

安田　渋谷の街にあるアーバン・コアの中でも、一番にぎわっているのではないでしょうか。

奥野　狭いなりに、すごくいろんな工夫があって、面白い場所になっていますよね。

坂本　当初から、お祭りのようなハレの場もあれば、高架を渡って川沿いにゴロンと寝転ぶような日常もある。そんなシーンイメージ

SHIBUYA PEOPLE

丁寧に物語を編み 開業後も描き 続けていく

安田啓紀
日建設計

を描いていました。

福田　実際に、金王八幡宮の例大祭のときも、この広場に神輿が入ってきますよね。

吉澤　ほかにも、地域の方からの提案で河津桜を植えて、まちづくり協議会や國學院大學のゼミと連携して「渋三さくら祭り」を開催しています。河津桜って、2月に咲いてしまうので、川沿いにこたつを置いて温まりながら飲食できるようにして。それも不思議となじんでいて。

坂本　絵で描いた想像を超えていますね(笑)。

吉澤　東京都さんに「川の上にイルミネーションを出させてください!」と交渉もしました。約600メートルのリニアな空間なので、イルミネーションがワーッとつながってすごくきれいで、これも地域の方から好評でした。

安田　チャレンジングだけれど、「前からあったかな?」みたいな雰囲気がありますよね。ド派手ではないけれど愛される空間をつくっている。

坂本　日常的にこの場所に愛着を持ってもらうために、2019年には、約3ヵ月間「パブリックジュークボックス」という社会実験もしました。

安田　「景色」ではなく「気色」。人の気持ちは場所の雰囲気に影響を与えると思うので、もっと人の感覚が開かれれば、場所自体が開放的になっていくのでは、というような狙いで。

坂本　ししおどしのような、意味はないけれど、それがあることで場に広がりが出るようなもの。音自体をつくるところから始めていて、街に紛れ込んだ音を探すワークショップをしたんです。それらをミキシングして抽象的な音に変換して、不思議な響きだけど、なんだか馴染みがある、というような音がする石を置きました。

安田　どこにも何も説明はない。でも触ると音がするから、何だか楽しい。単純にわいわいにぎわっているだけではないというシーンがあってもいいのかな、と考えて。それをけっこうなテクノロジーを使って実装している。

坂本　表面的には、石がただ置いてあるだけでしたけれど(笑)。

SHIBUYA PEOPLE

派手な建物ではなく日常をつくることが大切

坂本隆之
日建設計

敷居は低く、志は高く。日常をアップデートしていく

大竹　開業してから手すりや照明も経年変化して、植栽も育ってきて、ずいぶん街になじんできたように感じています。こういう余白がある開発というのはとても珍しいので、これからこの場所をいかに使い倒すか。余白をますます面白くするような関わり方をしていきたいと考えています。

吉澤　運営メンバーはこれまで、渋谷川流域のエリアマネジメント的な活動という意識を持ってやってきましたが、さらにそれをアップデートするべく、2021年度は「good stream」というテーマを掲げました。「ストリーム」は言葉のとおり「小川」ですが、「よい兆し」とか「流れ」といった意味で捉えて、流れを創る動きを起こしていきたいと思っています。

奥野　渋谷区では、以前から「大中小のまちづくり」と言っていて、駅前の大規模な開発だけではなく、渋谷川沿いにあるような中小のビルが建て替えしやすい仕組みづくりの検討を始めているところです。川自体の環境は整ってきているので、次は川沿いの雰囲気。川に背中を向けるのではなく、正面を向きたくなるような、まちづくりを進めていくつもりです。

坂本　このプロジェクトを通して、日常をつくるということの大切さを学びました。派手な建物をつくってインパクトを残すというのとは違った角度で、日々の暮らしの中で愛着が湧く、記憶に残るようなもの。何気ないけれど、心地よいもの。

安田　私もやはり、日常をアップデートするというところに取り組んでいるプロジェクトだと思っていて。でも日常って、なかなか切り取れないし、切り取った一場面だけがよければ成立するというものでもないですから。そこをしっかり捉えていくことがすごく大事なんだ、というのを学ばせていただきました。

吉澤　地域の共有財産として

SHIBUYA PEOPLE

川沿いの手すりひとつに至るまで、想いが込められている

福田太郎
日建設計

の水辺という意味では、敷居はあくまでも低く、でも志は高く。周辺の地域や行政とも一緒に、地域の発展につながるような活動を盛り立てていきたいですね。

安田 竣工のかなり前の段階から計画のメンバーも運営のメンバーも一緒になって話し合い、共有していくことが、運営フェーズに入ったときに大きな力になることも痛感しました。丁寧に物語を編み込んでいって、開業後もその物語を描き続けていく。渋谷川に限らず、ほかの地域でもこうした取り組みが広まっていくといいですよね。

奥野和宏 **渋谷区都市整備部まちづくり推進担当部長**

1992年渋谷区入区。教育、福祉などの所管を経て、まちづくりに関わる部署に配属。2011年渋谷駅周辺整備課に配属となり、係長、課長を歴任。渋谷駅中心地区の開発協議、地元調整、都市計画決定などに携わる。2020年4月よりまちづくり推進担当部長に就任。

大竹成忠 **東急 渋谷開発事業部 プロジェクト推進グループ 課長**

1973年兵庫県生まれ。北海道大学大学院修了。大手デベロッパーを経て2007年東急入社。渋谷駅中心地区の主要複合開発である渋谷ヒカリエの施設計画、渋谷ストリームの行政協議・施設計画・テナント誘致に携わる。直近では新たなる渋谷エリアでの大型開発案件に従事している。

吉澤裕樹 **東急 ビル運用事業部 事業推進グループ 価値創造担当**

2001年入社後、カルチャースクール事業運営、渋谷駅街区開発計画推進、渋谷ヒカリエ文化用途運営、渋谷ストリーム・渋谷川遊歩道開業担当を経験。現在、渋谷駅周辺のホール、広場、河川など“都市の余白”を舞台にさまざまな価値創造を実践すべく躍動するまちづくり活動の仕掛け人。

安田啓紀 **日建設計 エモーションスケープラボ アソシエイト**

2005年日建設計入社。国内外の都市計画、都市デザインを担当。環境と人の感覚や情動、行動の関係に関する近年の研究をもとに、細かな文脈の読み解きを通じた課題解決の支援を手がける。主な実績は、東京駅前まちづくりガイドライン、東京メトロ銀座線デザインマネジメントなど。

坂本隆之 **日建設計 エモーションスケープラボ ダイレクター**

都市環境と人間の情動に関する研究をもとに、心に響く未来の場や経験をつくるべくさまざまな活動を展開。主な実績は、東急プラザ銀座、パークアクシスプレミア南青山、渋谷フクラスなど。経済産業省産業構造審議会2020未来開拓部会委員、超臨場感コミュニケーション産学官フォーラム（URCF）情動環境WGメンバー。

福田太郎氏のプロフィールは P.183 に掲載

PARCO
AKIRA
ART OF WALL

2019年11月に生まれ変わった新渋谷パルコ、2020年7月にオープンした
MIYASHITA PARKは、ともに公共空間と商業空間、両方の顔を持っている。
新渋谷パルコの開発を担当したパルコの伊藤裕一さん、
MIYASHITA PARKの開発に行政として携わった渋谷区の齋藤勇さん、
それぞれの開発に計画段階から関わった日建設計の福田太郎さん、三井祐介さん、杉田想さんが、
パブリックスペースと商業の融合から生まれる、新たなまちづくりについて語った。

PUBLIC SPACE

TALK—06

2つの“公園”から見えてくる、パブリックスペースと商業の新しい関係

4階建ての立体都市公園と、パブリックスペース×商業の融合

三井 MIYASHITA PARKの事業者公募プロポーザルが行われたのは2014年で、日建設計は三井不動産さんからお声がけをいただいて参加することになりました。当初から、立体都市公園制度を活用することが定められていたものの、同制度の活用事例が少なく手探りで……。最終的には4階建ての公園と、オプションでホテルを提案することになりました。

齋藤 ところで、旧宮下公園はよく「駐車場の上に公園がある」というふうに言われますが、「公園の地下に駐車場がある」というのが正しいんです。もともと「公園こそがグランドレベルにある」という思想に基づいて設定をして、公園の地下に「都市公園法で認められる占用物件としての公共駐車場がある」という建て付けになっていました。

杉田 公園としての機能がベースなのですね。

三井 そうした背景もあって、上空に「キャノピー」という特徴的な設えをつくり、緑陰空間と渋谷らしいアクティビティを両立しつつ、一体的な公園施設をイメージした提案をしました。また、「アウトモール型の商業」として既存の基盤とシームレスに接続していくことで、渋谷の新しいシンボルをつくっていこうという試みです。

齋藤 プロポーザルの時点では、私は渋谷駅周辺整備課にいたので、宮下公園のプロジェクトは管轄外。「本当にこんなデザインにできるのかな」と思いつつ眺めていましたが、その後、担当課長になり(笑)、精一杯取り組んできました。

杉田 新渋谷パルコ開発の経緯は?

福田 この開発は、旧渋谷パルコを中心とした複数の地権者による再開発事業で、都市再生特別地区を活用したプロジェクトです。私たちは、竹中工務店さんの開発計画本部のチームとともに都市開発コンサルタントとして関わりました。駅中心地区とは違うやり方で「新しい渋谷の方向性を示すにはどうするべきか」「都市再生特区がどうあるべきか」というところから議論を重ねました。

伊藤 開業したのが2019年の秋で、計画から竣工まで約10年。これまでパルコは、ここ渋谷で、劇場や映画館、ギャラリー含め多様でチャレンジングな文化発信をしてきました。その基幹で

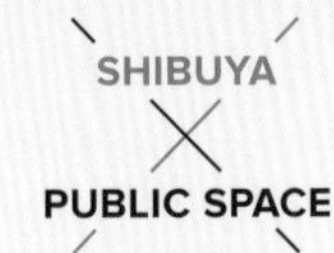

SHIBUYA PEOPLE

文化的な活動を渋谷の街の価値にまで高めていきたい

伊藤裕一
パルコ

ある渋谷パルコは、会社の魂のようなもの。都市再生特別地区を使った市街地再開発事業は社内でも初めての試みですし、基幹店を建て替えるというのも実は珍しい例です。さらにユニークなのは、公共空間を立体的に整備しているところ。そこに商業空間や、パルコのアイデンティティともいえるエンタテイメント施設を連動させています。

福田　実際の公園(公共用地)ではありませんが、民地の中にリッチなパブリックスペースをつくった開発として、稀有な例だと思います。

三井　外周をとりまく「立体街路」の案は、計画当初から、すでにあったのですか?

伊藤　立体街路のコンセプトは基本設計の段階から一度も変更していないんです。まわりの方からは、よく決裁が下りたねと言われるのですが、私たちの中ではわりと当たり前の判断で。

福田　東京都の担当者から「立体街路はなくならないよね?」と逆に心配されていました(笑)。そのくらいインパクトが強かったのでしょう。

人々が集まる〝公園〟という場所のあり方とは?

杉田　両者ともに、ある意味で〝公園〟をテーマにしたプロジェクトですが。

伊藤　パルコという社名自体、イタリア語で「公園」という意味ですから、会社のDNAとして「人々が集まれる場をつくる」というマインドがあります。旧渋谷パルコが誕生したのは1973年で、それ以降、渋谷区や商店街のみなさんと協力して公園通りの歩道を拡幅したり、洒落た赤い電話ボックスを設置したり。駅から近いわけでもなく、しかも坂を上っていく立地なので、わざわざ来てもらえるような仕掛けをずっと考えてきたという歴史があります。

齋藤　スペイン坂もパルコさんと商店街が一緒になって舗装したと聞いていますし、旧渋谷パルコができたことで街の雰囲気はかなり変わったといわれますよね。

伊藤　周辺にライブハウスやスタジオなどを持っていたこともあって、当時からエリア全体を盛り上げたいという意識があったのだと思います。

杉田　最近でこそ、周辺エリアと連携したまちづくりが盛んに行われていますが、昔からそうした取り組みをしていたのですね。

齋藤　周辺との連携はもちろん、公共空間の魅力を高めるためには公民連携も重要な要素ですよね。渋谷においてMIYASHITA PARKはその先駆けで、公共空間が収益を生み出すという視点から見ても重要なプロジェクトのひとつです。

三井　今はモノが売れない時代ですし、商業施設は買い物だけではない、そこに来る目的をつくっていかなくてはなりません。ただ屋上に公園があるというだけではダメで、MIYASHITA PARKも、街の間口を文化的に広げている新渋谷パルコのようなあり方を目指すべきだと考えていました。

齋藤　各所からいかにスムーズに公園に上がることができるか、その参考にするために、都内のいろいろな屋外階段を見に行きましたし、多様な居場所をつくるために、階段の形状や踊り場の配置などもいろいろと検討していただきました。

三井　建物内で回遊する商業のセオリーではなく、街のさまざまな方向からアクセスできて、食事をしたり休憩したり、道行きすべてが公園らしい場所。歩いて楽しい、エリアのハブのような存在になるべきだ、と。

齋藤　ほかにも、明治通りの管理者である東京都とも協議を重ねて、原宿方向につながる北側に新たに横断歩道を整備しました。歩道橋を使わずに、公園から階段を下りてそのまま車道を渡って歩いていけるようになって、回遊性がより高まったというのも非常に重要なポイントだと思います。

三井　人通りが増えると、1階の商業床の価値が上がって事業性にも貢献するので、結果的にパブリックスペースをよりよくすることにもつなが

SHIBUYA PEOPLE

まちづくりの鍵は“シティプライド”を高めていくこと

齋藤勇
渋谷区

ります。道路や公園といった土木の領域とも一体化しているので、商業施設でも公園でもなく道でもない、それらが溶け合った空間をつくるというのは、いつも念頭に置いていましたね。

杉田 公共空間をベースとしたMIYASHITA PARKに対して、新渋谷パルコは商業がメインで、その中にパブリックスペースが溶け込んでいます。

福田 誤解を恐れずに言えば、大規模開発の多くは「オフィス開発」で、基本的にはオフィスでマスの収益を得るという事業モデル。しかし今回の開発の場合は、商業と、何よりエンタテイメントが目玉。それらが街にとっていかに魅力や価値があるのかということに、正面から取り組んだ初めてのプロジェクトかもしれません。

伊藤 旧渋谷パルコは創業時からエンタテイメントや文化的な情報発信を行う場の運営を続けてきました。私たちにとっては当たり前のことでしたが、行政から評価をいただいたのは、そういう部分だったのかなと。

福田 これまでの実績もあるし、これからも渋谷に根を下ろしてチャレンジし続けるんだという強さが、最終的に響いたのではないかと思います。

伊藤 文化的な活動を、渋谷の街の価値にまで高められればというのが、今回の再開発のテーマのひとつ。そういう意味でも、これまで建物の中で育んできたコンテンツを外に出す場と位置づけて、公共空間を組み立てていきました。

三井 エスカレーター横の区画が公共貢献施設だというのも驚きました。

伊藤 クリエイター育成のための売り場空間をつくることが特区の公共貢献として定められていて、全体では100坪くらいでしょうか。

福田 フロアごとに分散配置したり、あえて境目を目立たなくしたり。熱い想いのもと粘り強く行政とも会話して、理解を積み重ねましたよね。

三井 私は商業施設を担当する機会が多いので、本当によく実現できたなあ、と(笑)。そうしたリーシングの苦闘を経て、商業空間と公共空間の輪

SHIBUYA PEOPLE

ただ公園をつくるのではなく、そこに来る目的をつくる

三井祐介
日建設計

郭を曖昧にしているデザインもすばらしい。

伊藤 一番のテーマは空間の開き方でした。立体街路にしたことで、各フロアが路面店のようになり、しかも各階に店舗の出入り口が設けられますから、開放的な空間にもなる。パルコの今後の店づくりのお手本になると考えています。

渋谷の〝ストリート〟を公共空間にどう取り入れるか

齋藤 渋谷区からパルコさんにお願いしたのは、とにかく〝裏側〟をあまりつくらないでほしいということ。建物の北側を路面店にしてにぎわいをつくってもらったり、オルガン坂下にある横断歩道まで整備してもらったり。新渋谷パルコから周辺の街へ回遊空間がつながっていくように、いろいろ無理を言った記憶があります(笑)。

伊藤 たしかに、もともとパルコパート1とパート3の間に通っていた通称「サンドイッチ通り」は、使われ方としては〝裏側〟でした。それを廃道にして、敷地内にある24時間開放の歩行者通路と位置づけてつくり直しました。

福田 サンドイッチ通りは「ナカシブ通り」と名前を変えて。廃道分の道路面積を敷地周辺の道路拡幅などに付け替えることで、本来的な車のための空間も、より機能的になりましたよね。

伊藤 旧渋谷パルコの周辺道路は、とても狭かったのですが、周辺一帯がかなり歩きやすくなりました。渋谷の街は、各エリアに坂で上がっていくような地形になっていて、それぞれのストリートが個性を持っている。そのつながりで、坂とストリートを建築に取り込むというのが今回の設計コンセプトでした。

杉田 渋谷駅中心地区は、多層の通路やアーバン・コア、街への回遊の起点になる「広場」が整備

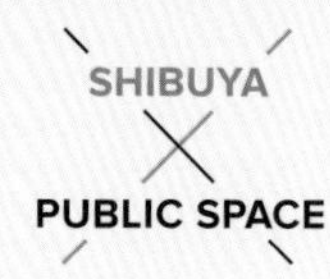

されています。それに対して、新渋谷パルコもMIYASHITA PARKも、渋谷に昔からある「ストリート」を公共空間として、どう取り入れていくかというトライをしていますね。

三井　ストリートの延長にあるパブリックスペースをどうつくっていくか。それこそが、中心地区とは違ったにぎわいのあり方や、公共空間の整備の仕方なんだろうなと。いずれにしても「とにかく人が集まるから、何とかして広場をつくろう」というのとは違った世界観があります。

福田　その場所自体が目的地でもあるし、通過地点でもある。建物ではあるけれど、まさにストリートの要素もある、そんな場所ですね。

三井　MIYASHITA PARKはもともと公園が南と北に分かれていて、それぞれが細いブリッジでつながっているだけ。結果として、単なる連絡ブリッジだけでなく階段までつくることができて、街を見下ろすことのできる貴重な場所になりました。

杉田　商業的に見ても、特徴ある空間ですよね。

三井　モールを歩いて一度都市に出て、またモールに戻る、ユニークなつくりになっていると思います。MIYASHITA PARKは飲食の割合が40％程度と、一般的な商業施設に比べてもとても多いんです。それは、なるべく滞在時間を長く、ゆっくりできる場所を目指した結果なのですが。

伊藤　時間消費という考え方は、商業施設も公園も同じ。今は商業施設の各階にカフェを入れるのが当たり前になっていますし、飲食店をちりばめるというのは我々も考えているところで。

周辺エリアがつながり、街が大きく広がっていく

齋藤　まちづくりというと、これまでは「活性化」とか「にぎわいづくり」といった言葉が主役になっていましたが、実はそれより重要なのは、エリア全体の価値が高まっていくこと。渋谷区では「シティプライド」と言っていますが、街への誇りが高まることによって、渋谷の魅力がより多くのみなさんに伝わっていくのかな、と。

伊藤　今回の建て替えプロジェクトにあたっては、地元商店街などからの要望もたくさんいただきました。公園通りにはパブリックスペースや休憩場所がなかったので、新渋谷パルコの1階や

docomo
AINZ
神南一丁目
Jinnan 1
スクランブル交差点
TOKYO 2020
公園通り
MODI
DIESEL
METRO PLAZA
MIYASHITA
PARK

10階の広場を整備したという流れです。

齋藤 公共空間はサプライサイドの都合だけではなく、まず街の人たちの想いや要望に応えていく必要がありますよね。企業目線ではない人が関わることで、新しい発見も生まれるし、街に対する愛着も広がっていくはずですから。

伊藤 10階の広場をステージにして、イベントをしたりファッションショーに使ったり。中長期的には、地元の方も利用できて、来街者も集うことができる、開かれた広場空間をつくっていくことが、私たちの使命だと考えています。

齋藤 まさに渋谷区も公民連携によって価値を高めていくことを考えています。公共空間、都市空間を面白くしていくためには、やはり行政の力だけではなかなか難しいですから。

伊藤 渋谷区さんから以前、渋谷駅の周辺をつなぐリング状の道路の絵を見せていただいたことがあって、それがずっと頭の中に残っているんです。

SHIBUYA PEOPLE

渋谷の「ストリート」を公共空間にどう取り入れていくか

杉田想
日建設計

齋藤 リング状の道路は1990年頃に策定した「渋谷区土地利用計画」の中で示していましたが、実現したらすごいことですね。

伊藤 もともと渋谷は街歩きが楽しい街ですから、それぞれが連携しながら街の魅力を高めていくことが必要なんだと改めて感じています。

杉田 MIYASHITA PARKと新渋谷パルコ、2つの施設が完成したことで、エリア全体がより盛り上がってきたという実感はありますか?

伊藤 MIYASHITA PARKの間から新渋谷パルコに上がっていく美竹通りは、歩くのが楽しくなりましたよね。まだコロナの影響がありますが、今後じわじわと価値が上がっていく予感がしています。

福田 「渋谷駅中心地区まちづくり指針」には、MIYASHITA PARK側の街と渋谷スクランブルスクエアをブリッジでつなぐ構想もあります。2つの施設は、立地的にもリング道路を介して隣り合っていますし、イベントなど運営面でも連携していく可能性はありそうですね。

伊藤　そうですね。新渋谷パルコやMIYASHITA PARKのテナントには、これまで駅前や駅ビルにあったようなラグジュアリーブランドが入っています。それはエリアとしても今までにない現象で、街が広がっているという感覚がありますね。

齋藤　渋谷は最近、「若者の街ではなく大人の街を目指している」なんて言われることがありますが、ターゲットを絞るのではなく多様な人が楽しめる街にしていきたい。そのためにも、いろいろな方々にご協力いただきながら、豊かなパブリックスペースをつくっていけたらと考えています。

伊藤裕一　パルコ 人事戦略部 業務部長

2000年パルコ入社。店舗営業、宣伝、財務、経営企画部門を経て2014年より開発部(現・都市開発部)。パルコ初の既存店建替となる新渋谷パルコ建替計画に携わり、地区計画の策定から、再開発および特区等に係る都市計画提案および行政協議、借家人対応など、法定再開発に関する業務を担当。2021年9月より現職。

齋藤勇　渋谷区都市整備部まちづくり第一課長

大手ハウスメーカー設計部門を経て1994年より渋谷区に奉職。建築確認や開発許可の審査、景観計画や地区計画の策定、渋谷駅周辺整備事業等に従事する。公園プロジェクト推進担当課長として宮下公園等整備事業に携わり、2018年からまちづくり課長として市民コミュニティ活動支援や公共空間利活用推進など広範な事業に取り組む。

三井祐介　日建設計 設計部門 シニアプロジェクトデザイナー

2004年、東京工業大学理工学研究科建築学専攻を修了後、日建設計に入社。都市開発、大規模複合施設、商業施設、オフィスビル、学校施設などの設計やコンサルティングを担当。近年では「東京スカイツリータウン」「灘中学校・高等学校」、「赤坂センタービル」「ホソカワミクロン新東京事業所」「MIYASHITA PARK」など。

杉田想　都市部門 都市開発部 アソシエイト

2011年、早稲田大学大学院を終了後、日建設計に入社。入社後、渋谷スクランブルスクエアにおける都市計画を担当。設計部門に異動後、複合用途の建築物や研修所の設計に従事。その後、都市部門にて、日本橋における都市計画や、TOD(駅まち一体型開発)プロジェクトなど、複数街区の連携する都市再生に関わる。

福田太郎氏のプロフィールは P.183 に掲載

COLUMN 02

地域連携と収益性を両立する新しい公園モデルを目指して

渋谷区立北谷公園

2021年4月、渋谷区神南に960平方メートルの街区公園がリニューアルオープンした。駅前から少し離れた場所に位置する小さな公園から生まれる、新たな地域連携の形とは？ 公園の指定管理者「しぶきたパートナーズ」のメンバーである、東急の河合雄さん、CRAZY ADの高田英一さん、日建設計の伊藤雅人さんに話を聞いた。

小さな公園が、渋谷の街全体の価値を向上させるハブになる

以前の北谷公園は、駐輪場と駐バイク場が大半を占め、木々が鬱蒼としてどこか街から取り残されたような場所だった。2019年、そんな公園を地域のにぎわいと活性化の拠点に変えるプロジェクトが始動。渋谷区が区内で初めてPark-PFI制度を活用し事業者を公募、東急を代表企業とする共同企業体を選定。翌年には東急・CRAZY AD・日建設計の3者からなる「しぶきたパートナーズ」が指定管理者に選定された。

渋谷駅周辺開発のキーマンでもある東急が、駅から離れた神南の公園を見出したのには理由がある。

「北谷公園を、渋谷の街全体の価値を向上するようなハブにしていきたいと考えていました。神南は元来ブ

公園に豊かな風景を生み出すため、オープン後から、フードトラックによるランチ提供やポップアップショップのイベントを実施。敷地内の2階建ての建物にはブルーボトルコーヒーが出店している。

SHIBUYA PEOPLE

さまざまな人に立ち寄ってもらうには仕掛けが必要

河合雄
東急

ランド力のあるエリアですが、だからこそ新しいものが入り込みづらい面もあって、さまざまな人に立ち寄ってもらうには何か仕掛けが必要。この機会に神南のまちづくりに向き合って、公民連携で街に貢献するあり方を追求してみたかったんです」(河合)

一方、広告代理店事業をはじめ、イベントの企画・制作を手がけるCRAZY ADが同プロジェクトに参画する理由は、神南エリアへのこだわりにあった。

「北谷公園の近くにオフィスを構えていて、このエリアの魅力を多くの人に知ってもらいたいと考えていました。公園の中だけにとどまらず、地域住民や企業と密に連携して、神南・宇田川エリア一帯を巻き込んで新しい魅力を発信し、にぎわいをつくる。さまざまな交流のあるイベントを継続的に行うことで、文化を醸成していけたらと考えています」(高田)

事業全体のコーディネートを担う東急、発信と企画を担うCRAZY AD、設計やエリアマネジメントを担う日建設計。それぞれ立場の異なる3者は、公園の維持管理だけではなく、情報発信やイベント企画など運営も含めたトータルマネジメントを行う。

「完成後の使われ方を想定して設計すること、高質な空間を維持するために運営まで関わること、その両方で公園の質を担保したいと考えました。今回の公募ではエリアマネジメントの視点も求められていて、収益性だけでなく地域連携も重視しなければ区の狙いに応えられませんでした。私たちが一貫して関わることで事業価値を高められればと考えています」(伊藤)

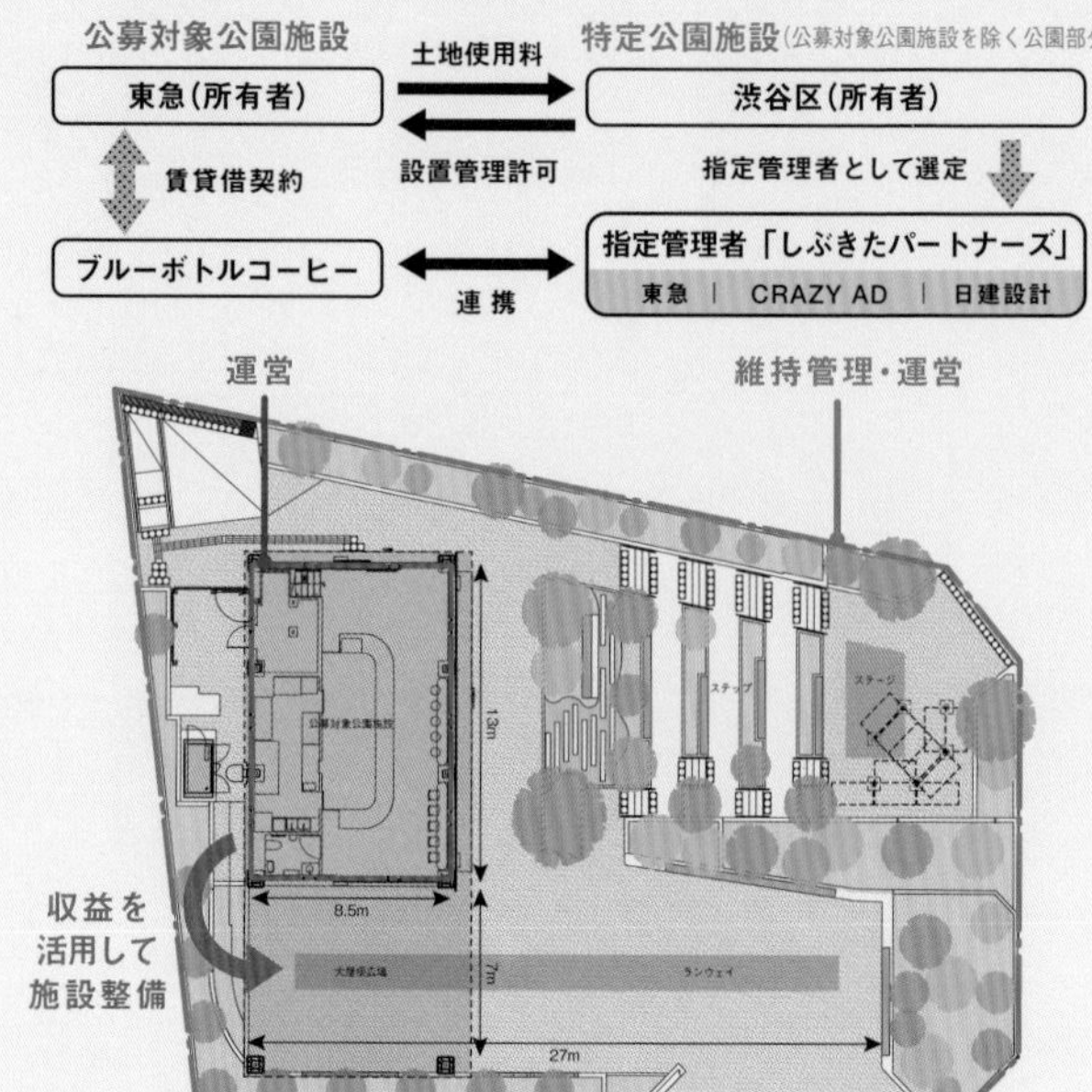

民間が収益施設と公共部分を一体的に整備

従来制度	民間資金		公的資金
Park-PFI制度	民間資金	収益を充当	公的資金
	公募対象公園施設	特定公園施設	

地域のための公園であり、収益性も見込める新しいモデル

「地域のための公園として、住民や企業が自由に活動できることが大前提。一方で、民間の事業収益を活用して公園整備を実現するのがPark-PFI制度なので、事業を成立させるための収益性も必要です」(伊藤)

公園の指定管理は、3者ともに初めてで、試行錯誤の連続。イベント企画などの費用は、あくまで民間の収益で賄うことが前提のため、公園運営の事業構造自体、収益性を意識したものにする必要がある。

「指定管理料は、これまでかかっていた維持管理費用がベースとなっています。自立した収支システムを確立させて、地域にもその効果を還元していかないといけない」(河合)

「さまざまなシーンの利用ニーズを掘り起こして、最大限公園を活用してもらいたい。でも、収益性だけを追い求めるのも違う。何より価値を高めることが、結果として収益にもつながると考えています」(高田)

地域のための公園という視点を忘れないこと、収益性も見込める公園運営のモデルを追求すること、その両立が、彼らの目指す公園像だ。

「北谷公園の事業は、渋谷区の声がけでスタートしました。ビジョンは官民で共有できているので、行政も公園での企画全般を含めて、極力民間の裁量に委ねるというスタンスを持ってくれています」(伊藤)

事業としての課題はまだ多いが、そうした渋谷区の姿勢がプロジェクトの可能性を広げている。

COLUMN 02　渋谷区立北谷公園

SHIBUYA PEOPLE

単発で終わらず文化が醸成できる場をつくる

高田英一
CRAZY AD

SHIBUYA PEOPLE

地域のプレイヤーやオーナーと対話をすること

伊藤雅人
日建設計

photo by Shimei Nakatogawa

レベル差を利用して設けられた複数の広場は、地域の人々のさまざまな活動の受け皿。ストリートエレクトーンの設置のほか、ポップアップ出店・展示会・ワークショップなど、幅広いイベントを想定している。

「我々の財政事情についても理解してくれていますし、行政も含めて新しい挑戦の中で、いいコミュニケーションが取れていると思いますね」(高田)

公園のコンセプトは、「—YOUR CANVAS PARK—公園で描く自分色」。さまざまな主体の活動の舞台として、地域に根差した公園づくりを目指している。

「たとえばウェディングの企画だったら、衣装、ヘアメイク、フードなどが必要になるので、それを地域に委ねてみる。地域の店舗や企業が強みを持ち寄ってひとつのコンテンツにできれば、公園のブランディングにもつながるし、地域に新しいビジネスを生み出せるのではないかと考えています」(河合)

「比較的すいている朝には、ヨガや筋トレなどの朝活イベントを開催したいんです。公園内のブルーボトルコーヒーやキッチンカーにも立ち寄ってもらえますし。あとはエリアの魅力でもあるストリートカルチャーを応援するような企画。音楽ライブなどができる環境も整えていけたらいいですね」(高田)

見据えるのは、単なる場所貸しではなく地域連携でこそ成り立つ企画。神南はもともとクリエイティブで感度の高い人たちが多く、地域の価値を高める公園づくりには、そうしたプレイヤーとの連携が欠かせない。

「周辺の賃料が上がり、小さなテナントが消えつつあるという危機感は持っています。まずは地域のプレイヤーやオーナーと対話の機会を持てたら」(伊藤)

「みんなで神南の未来を考えたい。何より、地域が自慢できる公園になることを願っています」(河合)

sequence

adidas

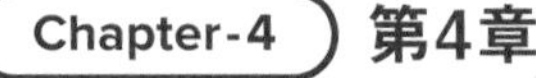

Chapter-4 第4章

渋谷とマネジメント

SHIBUYA × MANAGEMENT

渋谷駅周辺で同時に進んでいく工事・工程の調整、また工事中の情報発信などを行う「CM会議」と、「渋谷スクランブルスクエアビジョン」をはじめとする屋外広告の規制を緩和し、その収益をまちづくりに活かすエリアマネジメントの取り組み。工事中はもちろん、工事が終わってからもなお続いていく、渋谷ならではのマネジメント手法とは?

TALK—07 | P.162 |

9つの事業者が組んだ“チーム渋谷”による
工事調整と広報活動

TALK—08 | P.174 |

エリアマネジメントが描く、新しい渋谷のつくり方

ここまでにも何度か述べたとおり、渋谷駅中心地区の再開発事業が本格的に動き出したのは、渋谷ヒカリエが開業した2012年のこと。2013年には、駅周辺で計画された渋谷スクランブルスクエアや渋谷フクラス、渋谷ストリームについて、都市再生特別地区の提案が行われた。本章では、多くの事業者や関係者が関わり、日本で最も巨大で複雑といわれる「100年に一度」の再開発を、マネジメントの視点から紐解いてみたい。

渋谷のまちづくり活動の主体となったのは、2013年に立ち上がった任意団体「渋谷駅前エリアマネジメント協議会(エリマネ協議会)」。駅周辺のビル開発事業者、土地区画整理事業の施行者、行政から構成され、渋谷駅前エリアのまちづくり活動の方針や屋外広告物をはじめとする地域ルールづくりについて、官民で協議・調整・方向づけを行う組織だ。

エリマネ協議会では設立当初から、渋谷の街の課題として、「防災」「広場の利用」「全体イベント」など、ハードとソフト両面における実施事項をあげていた。現在では一般社団法人「渋谷駅前エリア

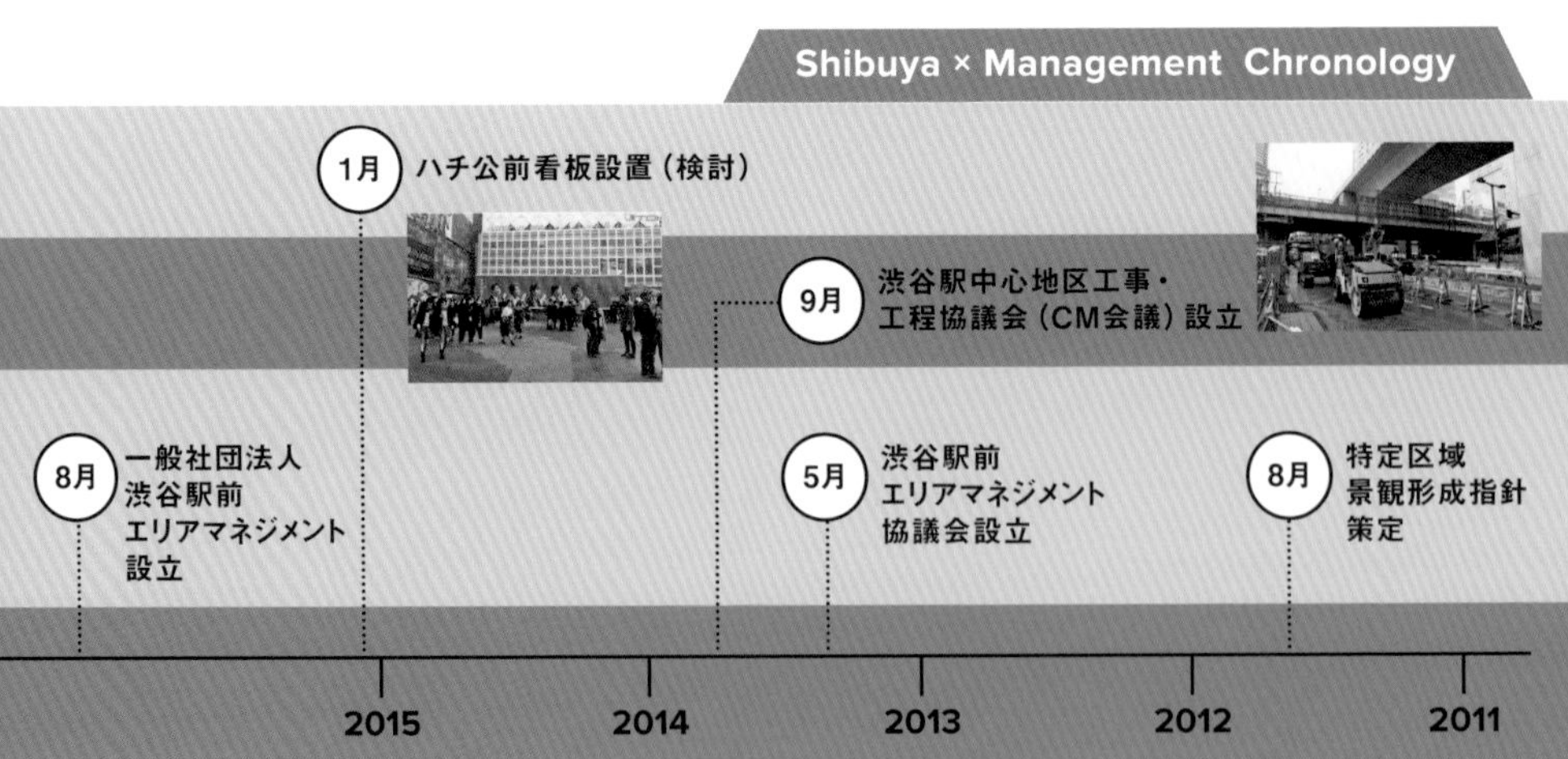

屋外広告物
地域ルール

デザイン・
基盤調整

駐車場運用

街区共同
イベント

広場の利用

工事中の
魅力付け

連携

もっとまちを使いやすく

渋谷駅前エリアマネジメント協議会

もっとまちを盛り上げる

一般社団法人渋谷駅前エリアマネジメント

協働

施設の管理

防災・防犯

AEMS・
環境対策

情報発信

観光

事業計画
策定

エリアマネジメント 活動メニュー

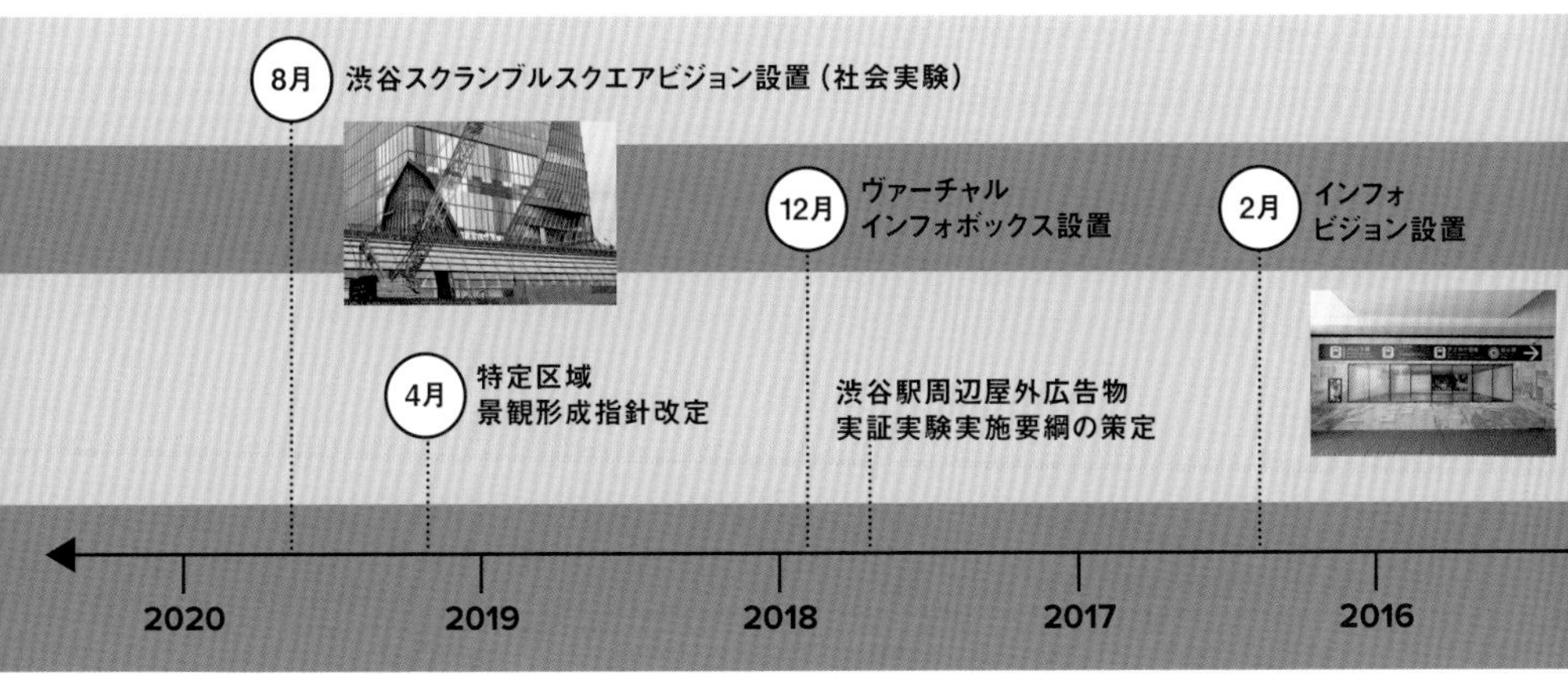

マネジメント」と連携し、〈もっと街を使いやすく〉〈もっと街を盛り上げる〉12の活動メニューへと再編・整理されている（P149上参照）。

「100年に一度」の開発が、スムーズに進んだ理由

エリマネ協議会の設立当初の活動メニューにも含まれていた、まちづくりの重要項目に「工事中のマネジメント」があった。いかにして、この巨大な再開発事業を円滑に進めていくか。その主役となったのが、長期的な視野に立って工事・工程の調整を行う「渋谷駅中心地区工事・工程協議会（CM会議）」。「CM」とは、Constrution Managementの略で、「工事調整」として一般的に使われている用語である。

国道246号の歩道橋架け替えの検討などをきっかけとして、CM会議がスタートしたのは、2013年のこと。協議会の当初メンバーとしては、国土交通省東京国道事務所のほか、JR東日本、東急、東京メトロといった鉄道事業者と各開発事業者を含めた9者が集まり、その後、それぞれ渋谷駅至近で事業を予定していた首都高速道路、渋谷区が入会した。

CM会議の役割は、大きく分けて2つ。ひとつは複雑に絡み合った各事業をスムーズに進めるための「工事調整」、もうひとつは工事の状況や進捗を一般の駅利用者などにわかりやすく伝えるための「情報発信」だった。

渋谷駅周辺では当時、官民あわせて複数の大規模プロジェクトが計画されており、しかも同じエリアの中で、鉄道、道路、開発ビルなど、さまざまな工事が同時進行するため、道路上に工事ヤードを拡げる深夜時間帯の調整は大きな課題。たとえば、国土交通省が行っていた国道246号の歩道橋の工事では、国道246号や明治通りを一部通行止めにして、橋げたを組む場所を確保しなければ

作業ができないという状況だった。

ＣＭ会議がスタートし、計画されていた各事業の図面や工程を重ねてみると、ほかにもさまざまな課題が浮かび上がってきた。それぞれの事業者が使いたいと考えている工事ヤードが被っていること、また同時進行する複数の工事現場の車両が何台くらい通行するのか、その影響を把握する必要もあった。それらすべてを"見える化"するために、カルテのような課題シートをつくって会議の中で共有し、関係者間で一つひとつ地道に調整・話し合いを進めていった。

もちろん、こうした調整は渋谷にかかわらず大規模な開発事業にはつきもので、民間の開発と公共の工事が同時進行するというのも、それほど特別なことではない。特にスケジュールが逼迫している状況では、お互いに譲ることは難しいため、ゼネコンなどの工事関係者が、現場でつど調整を行うというのが一般的だ。

しかしながら、渋谷の場合はあまりにも近距離で、大規模な開発が同時進行で進む、極めて特殊なケース。一体的に管理して動かなければ、すべての事業が予定どおりに進まなくなるという大きな危機感があった。そこで、9つの事業者がひとつのテーブルにつき、情報を共有し、協議をしながら進めていく、ほかのどの街でも行われていない渋谷スタイルの調整手法が生まれたのだった。

課題調整シート

インフォビジョン

工事をしている最中から情報発信を続けていく

こうした工事調整のほか、CM会議の議論の中心となったのは、工事中の情報発信だった。渋谷駅前の開発は、渋谷スクランブルスクエア第Ⅱ期(中央棟・西棟)が開業する2027年度まで続くことが見込まれている。こうした状況を踏まえて、渋谷駅中心地区まちづくり調整会議の副座長・内藤廣氏は、次のように話していた。

「10年、20年も工事をしていたら渋谷に人が来なくなってしまう。だからこそ工事中もしっかりと情報発信をしていくべきだ」

鉄道や通路などを活かしながら工事を進めるため、工事中は何度も仮設通路が切り替わり、来街者は渋谷に来るたびに迷ってしまうという懸念があった。また、乗り換えなどの案内サインを設置するにしても、各事業者がバラバラに出していては、余計にわかりづらくなってしまう……。

そこでCM会議では、工事中の案内サインマニュアルを作成し、全事業者で共有。具体的な案内サインのフォーマットのほか、通路が切り替わる場合は、1ヵ月前には現地に告知サインを出すこともルール化した。

2016年、それまでJR山手線のホームから離れた場所にあった埼京線のホームを、山手線の横に移設することを伝えるポスターでは、「並ぶぜ!! ホーム」というユニークなコピーで案内。各工事を遅らせず安全に遂行することはもちろん、「ユーザーファースト」であるべきという各事業者の想いがひとつになった取り組みだ。

工事に関するプロモーションの方法として、当初イメージしていたのは、ドイツ・ベルリンのポツダム広場再開発事業にあたってつくられたビジターセンター「インフォ・ボックス」。1995～2005年の間、同広場に仮設され、ダイムラー・クライスラー、ソニー、ドイツ鉄道、ドイツテ

SHIBUYA × MANAGEMENT | PICK UP

工事中サインの基本ルールと統一ポスター

**CM会議では、工事中のサインの基本方針とガイドラインを設定。
また一般の方に向けた工事情報発信として、統一ポスターを作成した。**

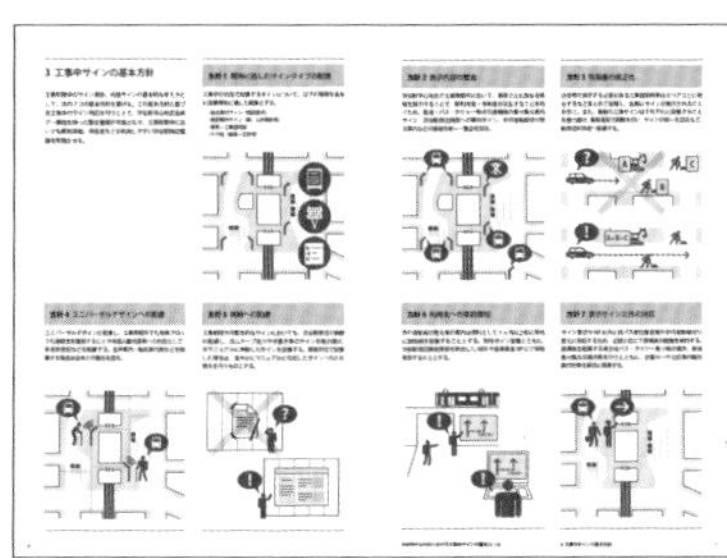

- **方針1** 場所に適したサインタイプの配置
- **方針2** 表示内容の整合
- **方針3** 情報量の適正化
- **方針4** ユニバーサルデザインへの配慮
- **方針5** 美観への配慮
- **方針6** 利用者への事前周知
- **方針7** 表示サイン以外の対応

東京国道事業

区画整理事業

駅街区東棟ビル

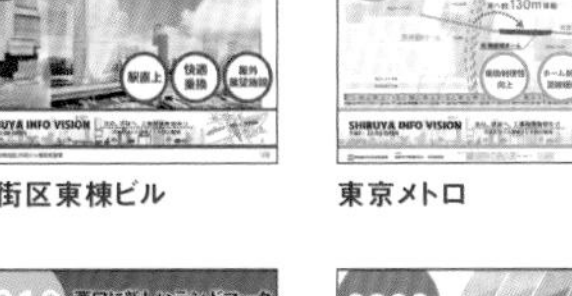

東京メトロ

駅南街区

道玄坂一丁目

JR東日本

レコムなど関係企業の共同事業体によって運営されたこの施設には、プロジェクトの経緯や完成模型、関連するさまざまな資料などを展示。さらに屋上には、広場の周辺が見渡せる展望台が併設され、国内外から多くの人が訪れ、「工事現場観光」という新たなスタイルを生み出した。

そのほかにも、東京メトロが南砂町駅の線路・ホームの増設などの工事にあたって、その内容や工程を紹介する施設「メトロ・スナチカ」なども視察したが、こうした〝ハコ〟をつくるのは人の動線や工事架設などが重なり合った渋谷では、スペースの関係上難しい。そして、最終的にたどり着いたのが、工事中の情報発信をビジョンに集約するというアイデアだった。

２０１６年2月には、多くの人が行き交う渋谷ヒカリエの連絡デッキにＣＭ会議が主体となって、「SHIBUYA INFO VISION」を設置。さらに11月には、期間限定ながら、渋谷駅前エリアマネジメントが主導し、渋谷川沿いにコンテナでできた情報発信施設「Shibuya info βox Supported by ZOJIRUSHI My Bottle どこでも cafe」がオープンした。

のちに渋谷スクランブルスクエア第Ｉ期(東棟)の竣工に合わせて、「SHIBUYA INFO VISION」は撤去が必要となったため、２０１９年３月には、渋谷駅前エリアマネジメントの「SHIBUYA+FUN PROJECT」と連携し、ウェブサイト「Shibuya Info Box」がオープン。現地に行かなくてもスマホで工事情報や過去の写真が閲覧できるなど、街の変化を伝え続けている。

屋外広告の規制緩和と〝渋谷らしさ〟

長期にわたる工事期間のマネジメントはもちろん、これからできあがる多くの施設や公共空間を今後どう維持管理していくかも、渋谷再開発にあたっては大きな課題だった。

現在でこそ当たり前になった「エリアマネジメント」という言葉だが、渋谷の駅周辺開発がスタートした2012年当時は、世の中にまだまだ先行する事例が少なかった時代。設立当初、エリマネ協議会があげたさまざまな実施事項は、大きな意味での街のマネジメントに継続的に取り組んでいくという宣言でもあった。

さらに2015年の8月には、エリマネ協議会が定めたルール・方針に基づいて、まちづくり活動行っていく「一般社団法人 渋谷駅前エリアマネジメント」が立ち上がった。

同団体は、次にあげる3つの事業から収益を得て、街に還元・再投資を行っていく〝まちづくりの実行部隊〟といえる。

① 屋外広告物事業：渋谷駅ハチ公広場など公共空間や建築物壁面などを活用した屋外広告物掲出管理

② 公共空間活用事業：渋谷駅東口地下広場における食事施設や購買施設の設置と運営

③ コミュニケーションデザイン事業：渋谷駅エリアの情報発信、工事中の魅力付け

まちづくりの
方向付け・調整担当

渋谷駅前
エリアマネジメント協議会

正会員	駅街区エリアマネジメント協議会・渋谷ストリーム・渋谷フクラス・桜丘口地区・渋谷ヒカリエ
準会員	渋谷マークシティ
特別会員	駅街区土地区画整理事業共同施行者
行政会員	国土交通省東京国道事務所・東京都・渋谷区

2013.5.30設立

・まちづくりに関するルールづくり
・官民の調整担当

協働

まちづくりの
実行部隊

一般社団法人
渋谷駅前エリアマネジメント

社員	駅街区エリアマネジメント協議会・渋谷ストリーム・渋谷フクラス・桜丘口地区・渋谷ヒカリエ・駅街区土地区画整理事業共同施行者

2015.8.18設立

・協議会で設定したルールに基づいて
まちづくり活動を実行

エリアマネジメント 体制図

最近では、さまざまなエリアで、公園や道路、駅前広場といった公共空間を活用したイベント・プロモーションなどが行われているが、工事中はもちろん将来にわたってそうした空間を活用していくためには、既存のルールのままでは難しい。そう、渋谷だけの〝ローカルルール〟が必要だった。

ちなみに、エリマネ協議会のコンセプトは「遊び心で、渋谷を動かせ。」。渋谷において、新しいまちづくりのムーブメントが起こった理由のひとつは、事業者はもちろん、行政や地元にも「楽しくなければ、渋谷ではない」という意識が根づいていたこと。さらに行政が、渋谷全体をクリエイティブの発信拠点とすることを目指す「２０２０クリエイティブシティ宣言」を掲げていたことも見逃せないだろう。

渋谷のまちづくりに関わる人たちの間には、日本の最先端、いやロンドンやパリ、ニューヨークなどと肩を並べる世界の最先端の都市を目指すという強い想いがあったのだ。


こうしたビジョンを掲げ、未来の街をイメージして進められたエリアマネジメントの取り組みの中で、最も〝渋谷らしい〟事例といえば、屋外広告の規制緩和があげられる。

リオデジャネイロ・オリンピックの閉会式で、マリオに扮した安倍晋三総理（当時）が登場するサプライズを覚えている人も多いだろう。その映像の中で、ドラえもんが四次元ポケットから出した土管を置いた場所、それは渋谷のスクランブル交差点。日本を象徴する場所として、世界中から観光客が集い、高い情報発信力を持つ渋谷ならば、屋外広告からの収入が見込める。それをまちづくりの財源にあてようという計画だ。

実現にあたってハードルとなっていたのは景観条例と屋外広告物条例で、特に公共空間や都市再生特区などを活用した大規模建築物には、サイネージをはじめとする大規模な広告の設置ができないという規制があった。そこで、２０１４年には、渋谷駅中心地区デザイン会議（デザイン会議）でも屋外広告についての議論が本格的にスタート。渋谷駅ハチ公広場の屋外広告の社会実験を皮切りに、大規模建築物の壁面についても規制緩和に向けた議論が行われた。

前例がなかったため、実現には行政や警察、鉄道事業者や道路事業者など関係者間の調整に加え、社会実験をはじめとするエビデンスの積み上げが必要になる。車を運転する人がよそ見をしてしまわないか、ＪＲ各線や東京メトロ銀座線の運転士は眩しくないか、地震など災害が起こったときに緊急の情報を伝える媒体としてきちんと動くのか……。

専門家などの指導のもと、2年以上かけて行われたさまざまな実証実験をへて、２０１９年11月に開業した渋谷スクランブルスクエア第Ⅰ期(東棟)の壁面には、約７８０平方メートル、日本最大

渋谷駅ハチ公広場 屋外広告

渋谷駅東口地下広場

渋谷スクランブルスクエアビジョン

級のデジタルサイネージ「渋谷スクランブルスクエアビジョン」が設置された。

渋谷駅ハチ公広場や渋谷スクランブルスクエアビジョンの屋外広告の規制緩和のほかにも、2019年に整備された渋谷駅東口地下広場では、都市再生推進法人制度を活用。道路占用許可の特例を受けることで、観光案内もできるカフェや広告を設置し、渋谷駅周辺に不足していた憩いの空間が整備されたほか、渋谷区の協力を得てパウダールーム付きの公衆トイレも設けられた。この広場で得られた収益は広場の維持管理とまちづくり活動にあてられるなど、東京のどの街でも実現していない独自の〝渋谷ルール〟が誕生している。

もちろん、広告やイベント利用に伴う収入についても、エリアマネジメント組織の活動報告の一環として収支報告を毎年行い、街の情報発信や工事中のにぎわい形成、案内・誘導サービスや清掃サービスの向上などに活かされている。

現在では、「まちづくりのルールづくり」→「まちづくりの実行・運用」→「+FUNがあふれるまち」および「得た収入の再投資」や「ルールづくりへのフィードバック」といった、サステナブルなまちづくりの仕組みがつくられつつある。


CM会議という、超長期的な工事期間を活用した、どこの街にもない〝渋谷スタイル〟の開発&プロモーション手法。さらにエリマネ協議会による〝渋谷ルール〟の策定と、それに基づく広告などの運用。本章で取り上げた2つの事例に共通していたのは、主体となる第三者機関をつくって、まちづくりのマネジメントを行っている点だった。

事業者はもちろん行政や地元をはじめ、みんなで議論を重ね、課題を一つひとつ解決していく。これからの大規模再開発に求められるのは、まちづくりに関わるステークホルダーをオーガナイズする仕組み、といっても過言ではない。

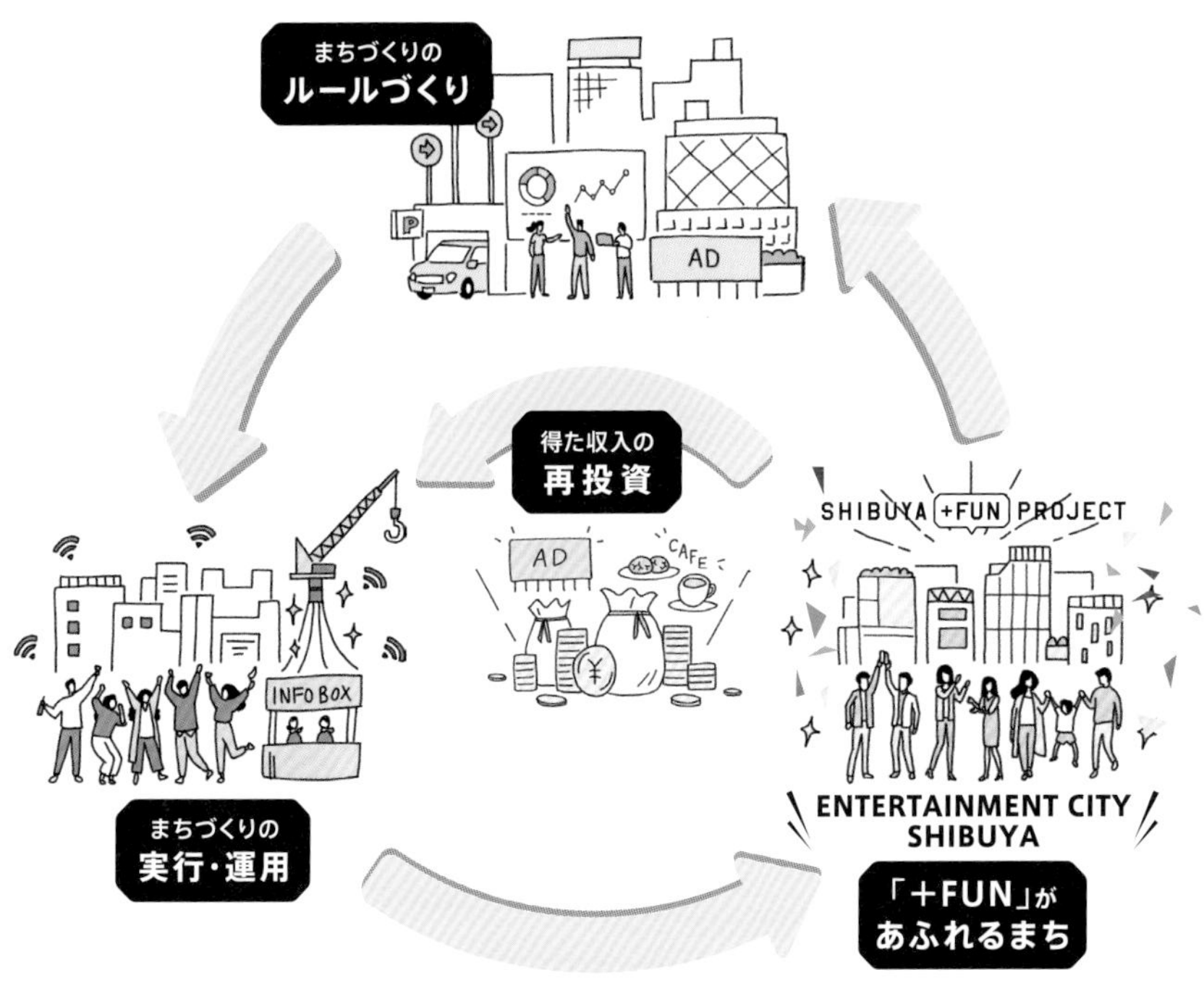

サステナブルなまちづくりの仕組み

渋谷の例を見ても明らかなとおり、大規模再開発というのは、収益を上げやすい駅前などが対象地になることがほとんど。さまざまな関係者や事情が複雑に絡み合うため、工事期間は長期化し、しかもつくって終わりというわけにはいかないので、開発後のマネジメントも避けては通れない。こうした課題はおそらく、新宿や品川をはじめ、東京で現在進んでいる大規模再開発でも同じように顕在化していくはず。

100年に一度の再開発から生まれた渋谷スタイルのマネジメント手法は、これからのまちづくりのロールモデルとして、さまざまな場所へと受け継がれていくだろう。

たか子クリニック
Richer
HIGASHIYAMA

KOMATSU

TALK—07

9つの事業者が組んだ “チーム渋谷”による工事調整と広報活動

前年に渋谷ヒカリエが開業し、渋谷駅中心地区の再開発工事が本格的に動き出した2013年。工事・工程の調整を行う「渋谷駅中心地区工事・工程協議会(CM会議)」がスタートした。集ったのは、まさに“チーム渋谷”ともいうべき、9つの事業者。そのメンバーである、JR東日本の有川貞久さん、東京メトロの白子慎介さん、東急の森正宏さん、また同会議の運営に携わったパシフィックコンサルタンツの小脇立二さん、日建設計の篠塚雄一郎さんが、CM会議の果たした役割について語り合った。

全体を見通すＣＭ会議は、渋谷再開発の〃推進力〃

篠塚 「渋谷駅中心地区工事・工程協議会（ＣＭ会議）」が設立されたのは２０１３年度末。まずは、立ち上げの話からうかがいたいのですが。

有川 私は当時、ＪＲ東日本のターミナル計画部の課長でした。最初は、集まった9事業者で誘導サインや広報・ＰＲ用ポスターの表現を統一しようと、よく話していたことを覚えています。

篠塚 ２０１６年には、工事をＰＲするポスターを各社共通でつくりましたよね。同じフォーマットで、キャッチフレーズを３つに揃えて、各事業者で色を分けて。ＪＲ東日本さんのポスターは「並ぶぜ!!　ホーム」というキャッチコピー。その思い切りのよさにびっくりしました（笑）。

有川 自社の「行くぜ、東北。」キャンペーンのパロディで（笑）。

白子 私たち東京メトロは対照的に「伝統×先端の融合」という硬いコピーでしたから、あれには驚かされました（笑）。自社のサインとの整合性を考えると、どこまで統一するかなかなか難しい面もあって、議論の入り口で時間がかかった記憶があります。

篠塚 また、工事中には歩行者通路の切り替わりが発生しますが、工事主体が複雑に入り組んでいますから、歩行者動線の切り替えの事前、事後の案内なども統一フォーマット化しました。

森 東急は駅街区土地区画整理の代表者で、長らく担当者として関わってきました。同事業では通路の切り替えが頻繁に発生しているので、サインのルールが統一されたのは非常に助かりましたね。あとはやはり、これだけ多くの事業者の工事スケジュールを一体的に管理する「渋谷駅周辺交通対策検討会」は欠かせないでしょう。

篠塚 鉄道やインフラに関わる工事は道路上でやらざるを得ませんから、どうしても工期や場所が重なってしまう。それを解消するための検討会ですね。各事業者の工事を一体的に管理するというのは、あまり前例がないと思いますが。

森 駅周辺のすごく狭い範囲でいろいろな工事が同時進行しますから、夜間工事の時間帯の調整が大きなポイントでした。きつい部分もありましたが、1年先を見越して調整していたからこそ、各事業の工事が円滑に進んだのだと思います。

篠塚　鉄道事業者や、国土交通省の東京国道事務所など、公共性の高い事業者がコアメンバーだったからこそ、実現できたことかもしれませんね。私も立ち上げや運営のお手伝いをしましたが、事業者が自分たちの事業だけではなく全体を考える、まさに〝チーム渋谷〟という雰囲気があって。

有川　設立の趣旨を渋谷区さんにも理解していただくことで、円滑に協議ができたのだと思います。たとえば、渋谷区が管理している喫煙所が駅周辺に十数ヵ所、公衆トイレが駅の東西にひとつずつあって、仮駅舎を建てようとするとこれらに触れないわけにはいきません。そこで、東京国道事務所さんにも会議体メンバーに加わっていただき、関係者が一体で対応していこうという提案をCM会議でしたんです。

小脇　CM会議の面白い点は、通常であれば行政である東京国道事務所と各事業者が協議する形になるところを、東国さん(東京国道事務所)もあくまで事業者の一員という立場で参加していたことですね。全員が同じ方向を向いて全体最適を考えていたから、うまくいっているのかなという印象があります。

篠塚　小脇さんは、日建設計とともにコンサルタントとして事務局をサポートしています。でも実は、CM会議が始まる前、2013年2月の交通対策検討会の立ち上げから関わっていますよね。

小脇　はい。そもそも各事業者が連携することになったきっかけは、交通管理者からの厳しい一言でした(笑)。A社が工事をするときに道路を1本止めたいと言う。その隣で工事をしているB社も同じように止めたいと言う。それぞれは1本ずつでも、いくつも重ねたら道路がふさがってしまう。そういう状況をどうにかしなさいと言われて。

森　通常はほかの事業の動きが読めないので、工期を短めに引いてしまうんですよね。でも蓋を開

SHIBUYA PEOPLE

CM会議のポイントは公民連携プラス、コンサルにあり

有川貞久
JR東日本

SANKYO
カラオケ
安全✚第一

けてみると、思いどおりにいかないことが多い。このプロジェクトでは、関係者同士がうまく調整しながら協力することで、何とか予定どおりのスケジュールに近づけることができました。

白子 仮にCM会議がなかったとしても、各社間で調整はしたと思うんです。ただ定期的な会議を通して、各事業者の動きが明らかになり、いつまでに何をしなければならないかが明確になったことが、渋谷の再開発の推進力になったのは間違いありません。遅れるとどうなるかがわかるからこそ、プレッシャーもありましたし(笑)。

「ビジョン」と「ウェブ」で工事の様子を可視化する

篠塚 渋谷駅中心地区まちづくり調整会議の副座長である内藤廣さんは、「10年、20年も工事をしていたら渋谷に人が来なくなる、だから工事中も情報発信をしっかりするべきだ」とおっしゃっていました。CM会議には、工事調整のほか再開発の広報を担う役割もあって、2014年には、情報発信のための施設を設置しようという動きが活発化しました。

小脇 最初に行ったのが東京メトロさんの「メトロ・スナチカ」の視察。南砂町駅改良工事の内容を年表やジオラマで紹介する施設ですね。

有川 へえ、情報発信のためにこんなことをするんだ、すごいなと思いましたね。しっかりとお金をかけていることも含めて。

篠塚 白子さん自身、「インフォボックス」の設置にはかなり意気込んでいましたね。

白子 力が入って、ブンブン回していました(笑)。というのも、内藤さんなど学識者の方々から工事の情報発信について話があったときに、まさに今まで東京メトロがやってきたことだと感じたんです。だからこそ、全力で取り組みたいと。

篠塚 設置する場所の候補を十数ヵ所出し合って検討を進めて。

森 地下広場を提案したら、法律的な制約があって難しいと言われたこともありました。

SHIBUYA PEOPLE

自分たちの事業だけが間に合えば成功というわけではない

白子慎介
東京メトロ

最終的には消防や建築的な制約から、ハコをつくって展示するのが難しいということになって。

篠塚 結局は、渋谷ヒカリエにつながる2階のデッキに「SHIBUYA INFO VISION」を設置して、各社が40秒の動画をつくって放映することになりました。2016年2月のことですね。

白子 ハコ型だと見学する人に中に入ってもらう必要がありますが、ビジョンは遠くからも見ることができて、すごくPRしやすかった。結果的には、いい情報発信ができたなと思います。

小脇 監督官庁からは、「通路なので、立ち止まらせてはいけない」という指摘があったのを、「歩きながら見て、ちょうどいい長さで終わるから大丈夫です」と説得して。その代わり、映像の中に掲載されたQRコードを読み取ると長い動画にアクセスできる仕掛けも取り入れました。

有川 ほかにもTwitterやFacebookなどのSNSにもトライしましたが、やはり情報発信は簡単ではないということも実感しました。

小脇 2016年の年末には、渋谷川沿いにコンテナを設置して、カフェ型の情報発信施設を設置し、パネルや動画を用いて情報発信を行いました。そして2019年の3月には、東京国道事務所の提案でウェブサイト「Shibuya Info Box」をオープン。渋谷の変化や未来像を伝えています。

人は変わっても、データや経緯は受け継がれていく

篠塚 これまでCM会議を継続してきた中で、変化はありましたか?

小脇 僕は計画検討や協議調整を専門とするコンサルタントですから、計画段階での関わりが中心で、徐々に出番が減っていくのかなと思っていたんです。でも、事業や工事と並行してずっと計画の話をしているので抜けるタイミングがなく、いまだに関わり続けていて(笑)。たとえ関係者が変

SANSUI
Shibuya Info Box
My Bottle
どこでも Cafe
ZOJIRUSHI
Take Out Ok
Coffee

わっても、すぐになじめるのは、いい雰囲気が保たれているからかなと。

有川　CM会議のほかに事業者同士が連携する仕組みがありませんから。だから後任には「自社だけで調整できるわけがないんだから、泣きつくところには泣きついていい。その代わり耐えるところは耐えろ」と話しています。

小脇　もしCM会議がなかったら、どうなっていたかはわかりません。ただ、最初の頃は行政からのさまざまな要請に各事業者が個別に対応していて、それがいつしかCM会議を通すという流れになり、いろいろな話がスムーズに進むようになったのは確かですね。

篠塚　このプラットフォームがなければ、きっと何をするにしてもイチから話し合うはめになっていたでしょう。また、交通対策検討会もうまく機能していますよね。

小脇　交通対策検討会が始まったのは2012年で、実はCM会議よりも早いんです。最初に、駅街区区画整理の工事に関わる協議をするために交通管理者のところに行ったとき、「こんなに工事が重なっているのだから、事業者をまとめなければ個別協議では進められない」と言われて。

篠塚　事業者がバラバラに協議をしに来るものだから「ちょっと待て」となったんでしょうね。

小脇　交通管理者側としても初めてのことだったので、最初の頃は手探り状態だったと思います。

白子　私が参加したときにはすでに仕組みができていたので、みなさんのように苦労をした記憶がないんです。工事に際しても、通常なら膨大な交通量調査が必要になるところが、検討会のおかげで個別に行う調査がかなり少なく済んで、すごく楽にできたなという印象です。

小脇　あれだけのデータを揃えられたのも、多くの事業者が関わっているからこそかもしれません。それに、工事の申請をするにしてもどんな調査をすればいいのかは明確ですから、仕組みさえできれば話が早いですよね。

篠塚　公と民が連携できているのも大きい気がしますね。一般的にはそれぞれの事業主が個別に工事を発注し、個別に協議をしていきますし、時間が空いたり、人が代わったりということも起こります。CM会議のように、工事に関わるデータや協議の経緯をしっかり引き継いでいるケース

は、なかなかありませんから。

白子　このスキームの中に、日建設計さんやパシフィックコンサルタンツさんが入っているのも大きいと思いますね。土木の場合、コンサルが絡むのは実施設計までで、動き出してから一緒に進めることはあまりないので、すごく新鮮でした。

有川　公民連携プラス、コンサルさんですよね。私たち事業者だけでは想像できない部分を指摘してくれたり、調整してくれたり。10年、20年という積み重ねの中で得た勘所がある。それはやはり頼りになります。

2020年という大きな節目と、その先の再開発を見据えて

森　各事業を重ね合わせると工期が遅れるのは当たり前じゃないですか。でも、着工してから今まで、それほど大きな遅れが出ていないのは、シームレスに調整ができているからでしょう。

有川　新聞で「東急百貨店東横店、2020年3月に閉店」と目にしたとき、この数年取り組んできたことが、基本的に予定どおり進んだんだと改めて感じました。CM会議や交通対策検討会があったからこそ、ここまでこられたんですよね。

森　長く携わる中で、やはり2020年はひとつの大きな節目として意識してきました。今まで何年もかけてきたものが花開くというか、みなさんに使っていただけるタイミングがいよいよやってきた。一方で、渋谷の再開発は東側から西側にシフトしてまだまだ続きます。

白子　自分たちの事業だけが間に合えば成功、というわけではないことは、渋谷再開発全体で共有されていると思います。当社だけでなく、すべての事業の完成に王手がかかるところまでこられたことは、素直にうれしいですね。

有川　ここから先は、これまで以上に大変でしょう。私自身は外から見る立場になりましたが、9事業者で協力し、ときには喧嘩もしながらやってきたからこそできたんだということを、今度

SHIBUYA PEOPLE

各事業が円滑に進んだのは1年先を見越して調整したから

森正宏
東急

は違う立場でアピールしていきたいですね。

小脇　これまで絵を描いてきたものが形になって、みんなが使っている瞬間に出会えることが、うれしくて。渋谷駅周辺の再開発が完成する姿はまだまだ想像できないですが、実際に目にしたら泣いてしまうかもしれない(笑)。

篠塚　CM会議のような手法は、都市の再生にとっても必要だといわれていますし、海外からの注目度も高い。まずは、これまで得た知見や経験を、西側の再開発に活かしていく。そしてこの仕組みが、東京全体や海外にも広がっていったら、これほどすばらしいことはありません。

有川貞久 JR東日本 品川・大規模開発部 担当部長

1990年、筑波大学第三学群社会工学類都市計画専攻を卒業後、東日本旅客鉄道に入社。主に駅改良に関する自治体・鉄道事業者・開発事業者等との協議・調整業務に従事し、これまで東京駅、新宿駅、横浜駅などの改良計画や工事を担当。渋谷駅には、計画・設計段階だった2012年から工事が本格化する2018年まで携わった。

白子慎介 東京地下鉄

1972年生まれ、1995年帝都高速度交通営団(現 東京メトロ)入団。土木技術者として、南北線・半蔵門線・副都心線などの新線建設工事に従事。副都心線では、渋谷駅の担当として設計・施工管理に携わった。2014年より再び渋谷に戻り、銀座線渋谷駅移設工事を担当、CM会議にも参加。2020年1月の駅移設を現場所長として遂行した。

森正宏 東急 交通インフラ事業部 インフラ開発グループ 主査

1994年東京急行電鉄(現 東急)入社。2001年から東横線渋谷～代官山間地下化計画、東横線渋谷地下駅建設工事を担当、2008年から2019年まで渋谷駅街区土地区画整理事業に従事し、現場着手後は共同施行者事務所の所長として事業管理と東口の現場管理を担当。現在は北海道7空港の運営管理を担当している。

小脇立二氏のプロフィールは P.085 に掲載
篠塚雄一郎氏のプロフィールは P.097 に掲載

提供：[illegible]

官民が連携し、屋外広告の規制緩和をはじめ、渋谷駅前エリアのルールづくりに取り組んできた、一般社団法人渋谷駅前エリアマネジメント（以下「一社エリマネ」）。一社エリマネの秋元隆治さんと角揚一郎さん、実証実験をサポートする大阪大学准教授の福田知弘さんと日建設計の福田太郎さん、金行美佳さんが大型デジタルサイネージ「渋谷スクランブルスクエアビジョン」設置の経緯を振り返った。エンタテイメントから生まれる、新たな渋谷のまちづくりとは？

SHIBUYA × MANAGEMENT

TALK—08

エリアマネジメントが描く、新しい渋谷のつくり方

屋外広告にデジタルサイネージ、〝遊び心〟で街をつないでいく

秋元 渋谷スクランブルスクエアや渋谷フクラス、渋谷ストリームについて、都市再生特別地区の提案があったのが2013年。そのときにエリアマネジメント協議会の話が出て、設立準備を進めているところに、ちょうど私が異動してきたんです。その頃には何をやるかというメニューがほぼ決まっていて、「おお、まちづくりだ!」と感じたのを覚えています。

角 私も途中から異動してきましたが、ビル事業者や区画整理施行者、国や都や区など、参加しているメンバーみんなが喧々諤々の議論をしているのに驚きました。

金行 その頃はまだ、世の中にエリアマネジメントの事例がそれほどありませんでした。

角 当初は「全体的なマネジメントをしたら渋谷の個性がなくなる」という意見もありましたが、都市基盤は着々とできていきますから、維持管理をどうするかは大きな課題でした。

秋元 渋谷らしい戦略のひとつとして、情報発信力を強化し、広告収益を得て、それをまちづくりに還元していこうという考えがあったんです。これが渋谷のエリアマネジメント活動のトリガーになるという想いで愚直に進めてきました。

金行 その後、2015年には「一社エリマネ」が設立されて、屋外広告物条例や景観条例の緩和を目指して、広告掲出実験を行ったんですよね。

角 さらに、渋谷の〝まちびらき〟が行われた2019年11月には、渋谷駅東口地下広場の供用もスタート。渋谷川や東口駅前広場、バス乗り場の下に広がるスペースで、情報発信や観光案内機能のあるカフェやバス案内所、コインロッカーを設置した、おもてなし空間をつくりました。

福田太 コンクリート打ちっ放しの、素材感のある大空間。地上の駅前広場は当面整備中ですし、貴重なオープンスペースですよね。

SHIBUYA PEOPLE

渋谷をニューヨークのタイムズスクエアにも負けない場所に

秋元隆治
渋谷駅前エリアマネジメント

秋元　渋谷駅東口地下広場の壁面に屋外広告を掲出したり、クリエイターにキャンバスとして使ってもらったり。実はこの空間、渋谷区道なんですよ。天高が6〜7メートルあって、「道路であって道路ではない」というコンセプト。タイアップ的な使い方も考えていて、収益は道路清掃などに還元していく。官民連携で公共空間を活用する先行事例になればと考えています。

福田知　いいですね。ほかにはどんな取り組みをしているんですか？

角　事業者ごとにバラバラだった案内誘導サインを統一してA、B、C、Dの4つのゾーンに分けて表記することにしました。ビルの位置関係さえ覚えれば、行きたい方向に出られるように。

秋元　まちびらきにあたっては、「アイ・ラブ・ニューヨーク」のようなバズワードをイメージして「HELLO neo SHIBUYA」というテーマを掲げたんです。この言葉を旗印に、マップを配ったり、みんなでバッジを付けて案内したり。

角　エリマネ協議会のコンセプトは「遊び心で、渋谷を動かせ。」。住んでいる人も、新しく渋谷に来る人も、みんなをつないでいこうと。

「屋外広告の規制緩和」という課題に、地道な努力で挑む

金行　都市再生特別地区の提案にあたって、エリマネ協議会は12の「実施事項」を掲げていますが（P149上参照）、これだけのメニューを細やかに進めるのは大変だったのではないですか？

秋元　渋谷のまちづくりは工事期間が長いですから、出てくる課題をひとまずエリアマネジメントの活動メニューに放り込む、そうしないと収拾がつきません。

福田知　広告展開を課題として捉えるようになったのはいつ頃から？

秋元　2013年の都市計画提案の頃ですね。渋谷なら広告収入が見込めるので、それをまちづくりの財源にしよう、ただ都市再生特別地区による建物だと規制があるので、緩和を目指そうと。

福田太　規制のひとつは景観条例。都市再生特別地区などを活用した大規模建築物は、地盤からの高さ10メートル以下にしか広告を設置できません。もうひとつは屋外広告物条例。こちらは52メートルの高さまで設置できるのですが、掲出規模

は100平方メートル以下。とりわけ景観条例は、大丸有エリアのような大規模建築物群を想定したルールなので、渋谷にはなじみにくかった。

角　最初は広告の考え方そのものから議論をしていきましたね。行政は、都市再生特別地区に見合う、あまり商業色の強くない広告を掲示するという考え方でしたが、我々は純粋な広告でなければ意味がないと考えていました。

秋元　「渋谷の特徴は何か」という話がスタートだったと思います。スクランブル交差点のまわりにはいろいろな広告があって、それを眺める外国人も多い。仮にそれが渋谷らしくていいとするのなら、同じように広告を入れて、そのお金を街に還元するべき。あとは、環境への配慮ですね。

福田知　「環境」というのはどういった?

秋元　渋谷らしいスペクタキュラー(壮観)な景観で、かつ渋谷のそれぞれのエリア、街の環境に合わせてやっていくことが大事だと考えました。エリマネ協議会としては

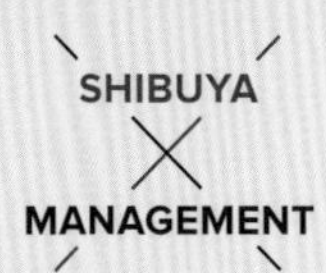

情報発信の優先度が高かったので、いの一番に取り組んだのが屋外広告の地域ルール。これをしっかり詰めていったことが、渋谷のエリマネにおける大きなポイントでしょう。

角　みんなが「この仕組みならやりたい」と食いついてこないといい事業にはならないので、妥協はしませんでした。渋谷区さんには「広告換算したら収入がこうなります」「ほかのエリアからもお客さんが来るようにするのが大事です」とお話ししました。広告を出す側にとっても、やりやすい仕組みになるように、こだわりを持ってしつこくコミュニケーションしたので、初動の整理だけで丸々1年はかかりましたね。

秋元　景観行政は都市整備局の範疇で、その一方で建設局が所掌する道路関係との絡みもあって、同じ東京都でも連携するのは難しかったんです。それぞれの管轄に行って話をしても、「渋谷でエリアマネジメント？」みたいな感じで（笑）。最終的には東京都さんが腹を括ってくれて、法人格を持ち事業を管理できる一般社団法人をつくって広告事業を行うという整理になり、2015年に一社エリマネを設立したんです。

福田太　そこから渋谷駅中心地区デザイン会議（デザイン会議）の中で、広告規制緩和に向けた議論が始まりました。

秋元　内藤廣先生も「大事なことだからやらなければいけない」とおっしゃって、まずは公共空間（渋谷駅ハチ公広場）での仕組みづくりを行ったあと、ビル壁面の調整をすることになって。ところが民間の敷地内には既存の広告ルールがありますから、これも大変だったんです。

福田太　一社エリマネはもちろん、事業者、行政、有識者でさえも初めて、手探りの状態でしたから、我々も試行錯誤の連続でした。

秋元　屋外広告の規制緩和という課題を「景観」で解くのか、「広告」で解くのか。デザイン会議には有識者の方が揃っていて、毎回ハラハラ、ドキドキしながら参加していました（笑）。

SHIBUYA PEOPLE

みんなが「やりたい」と食いつかないと、いい事業は生まれない

角揚一郎
渋谷駅前エリアマネジメント

金行　都市景観がこれほど騒がれるようになったのって、つい最近のことなんですよね。

福田太　渋谷駅周辺地区には、「特定区域景観形成指針」という、東京都の中でも特別なルールがかかっています。屋外広告が発端ではありますが、そもそも渋谷の景観、とくに「夜景」がいかにあるべきか改めて議論をして。最終的には渋谷区さんも、渋谷らしいポジティブな考え方で指針を改定してくださって。2018年度は、官民がかみ合ってグッと進んだ瞬間でしたね。

デジタルサイネージの社会実験を、新しい渋谷をつくる第一歩に

金行　福田先生が、渋谷スクランブルスクエアビジョンの実証実験に参加されたきっかけは?

福田知　日建設計の福田さんが私を見つけてくださったんですよ。ニッチな分野なのに(笑)。

福田太　デザイン会議の先生は建築家や都市計画の専門家の方が多くて、周辺環境へのデジタルサイネージの影響を判断できる物差しがなかったんです。そのとき、福田先生がデジタルサイネージの眩しさや快・不快といった感覚を研究されていることを知って、連絡したのが始まりでした。

福田知　その頃、大阪府と大阪市のデジタルサイネージに関わる要綱をつくるお手伝いをしていたんです。真っ暗な部屋の中に5・4×3メートルのサイネージを実際に設置して、被験者を50人くらい集めて実験を行いました。輝度を少しずつ変えて、どれくらいの明るさで眩しいと感じるのか、不快と感じるのかを調べて。

福田太　渋谷の場合、デザイン会議や東京都の景観審議会、広告審議会でも一定の説明はしていたのですが、最後のひと押しが足りないというか、行政や有識者も含めて踏ん切れずにいました。

Yakult
QFRONT
Hisamitsu
サロンパ
DHC
F21
DMM
世界柔道　女子63キロ
STARBUCKS COFFEE
TSUTAYA
もんじゃ
UPLIGHT
N°5
L'EAU
N°5
L'EAU

秋元　何といっても、渋谷のサイネージは2面合わせて約780平方メートルという、日本最大級のサイズ。前例がありませんから。

福田知　有名な道頓堀のグリコサインでも200平方メートルですから、渋谷はやはり規模が違う。すごいなと思いましたよ。

角　しかも、形が大小異なる逆三角形ですし。

福田太　実証実験前には、VRや景観モンタージュなどを使って、街からの見え方に関するシミュレーションはひととおりできていました。

福田知　ただVRだと、評価上重要な「眩しさ」が全然伝わらない。やはり実物で実験したほうがいいんじゃないかとお話しして。

秋元　デザイン会議で実験計画書が承認されたのが2018年の秋で、実証実験を行ったのが2019年の6月ですね。

福田知　この実験は、渋谷だけでなく、東京都全域に関わる基準になる可能性がある重要なもの。だからこそ、なぜ渋谷ではここまでやっていいのかという根拠がないといけません。ちなみに、こういう実験をすると、場合によっては電車の信号が見えづらくなる可能性もあって慎重になるもの。今回は鉄道会社が3社も関わっていたのに、協力を得られたのはどうしてでしょう?

秋元　実験の目的や方法から議論して、準備できたのが良かったのだと思います。エリマネ協議会で、最初に屋外広告物地域ルールをつくってから5年ほど、実際にやってみてうまくいき始めたら足並みが揃ってきたという感じですね。

福田知　エリマネ協議会さんが積極的に動いてはるので、行政はありがたかったんじゃないかな。

金行　みなさん前向きに受け止めていますし、実証実験中もワクワクして見ていましたね。

秋元　「エンタテイメントシティらしくなってきた」という言葉をいただきました。

福田太　サイネージで流す作品の公募もしていましたが、逆三角形の形もクリエイター心をくすぐりますよね。ビルの2面にディスプレイがあって、3次元的に使えるのも面白いところで。

福田知　ところで、流すコンテンツの審査はどのようにしているんですか?

角　私たちは、渋谷スクランブルスクエアビジョンの審査と同じ流れを、すでに渋谷駅ハチ公広場の屋外広告で実施してきました。まずエリマネ協

福田知弘
大阪大学

SHIBUYA PEOPLE

渋谷での実証実験は東京都の基準になりうる重要なもの

議会の自主審査ルールに沿っているか、さらに年度ごとに専門有識者にルールの見直しを審議してもらうという形です。縛りも事前調整もなく、自由に議論してもらうのも重要な点のひとつで。

秋元 いろいろな方々と一緒にやらせてもらっている、本当に壮大な社会実験。この結果が、これから渋谷のまちづくりに引き継がれて、社会に還元できたらいいなと思っています。

「前例のないまちづくり」への挑戦は、これからも続いていく

金行 この先もまちづくりは続いていきますが、最後にこれからへの期待を聞かせてください。

角 私が考えているのは、渋谷の公共空間をきれいに保つことと、わかりやすい動線を実現すること。そのためにはお金を稼ぐ必要があるし、お金を稼ぐためにはいい広告、いいサイネージをつくらなければいけません。最終的に、それが渋谷のエリアマネジメントにつながると思うんです。

福田知 僕はやはり、渋谷らしい夜間景観やメディア環境をどうつくっていくかに関心があります。ただほかの場所でやっていることを持ってくるのではなく、渋谷の魅力をどうやって出していくか。続けていくうちにファンも増えるでしょうし、「次はこうしたほうがええんちゃうか？」という話もきっと出てくると思うので。

秋元 渋谷って、都心のクールなイメージがある一方で、街の人たちは意外と庶民的で、ウェットなところが魅力。だからこそ一社エリマネがハブになって、街の人としっかりつながっていきたい。たとえば、夏にSHIBUYA109の前でやった「渋谷盆踊り大会」のような場で交流を育めれば。

角 私は責任者として現場にいましたが、現場が坂なので太鼓を叩くたびにやぐらが揺れて、生きた心地がしませんでした(笑)。でも、道路も開放して、すごくにぎわいましたね。

秋元 やっぱり実際に、外でエンタテイメントを楽しめることが大事。渋谷にそういう景色があるということを世界に発信していきたいし、いずれ

はニューヨークのタイムズスクエアにも負けないような場所になっていってくれたら。

福田太　建築、基盤、鉄道が、これだけ連携した事例は今までなかったと思うんです。さらに、いろいろなビルが建ち、パブリックスペースがふんだんに生まれて、街の運営・管理という側面に光が当たってきている。難しい課題も多いですが、渋谷という世界が注目する場所で、みなさんと一緒に仕事をできるのはとてもありがたいので、これからも引き続き、無理難題を言っていただけたらうれしいですね(笑)。

秋元隆治　東急プロパティマネジメント PM事業部 次長

東急入社後、メディアの企画運営や、渋谷ヒカリエ、東急シアターオーブの開業に従事。2013年より渋谷駅周辺開発に伴う渋谷駅前エリアマネジメントの設立に携わり、官民連携のSHIBUYA+FUN PROJECTを推進。2020年より駅構内商業施設の運営管理や田園都市線地下区間リニューアルプロジェクトを担当。

角揚一郎　東急 渋谷開発事業部 エリアマネジメント担当

2015年より東急渋谷開発事業部にて渋谷駅前エリアマネジメントを担当。エリアマネジメント広告事業、道路占用事業の仕組みづくりを手がける。ほか渋谷の年末カウントダウンや渋谷区のハロウィーン対策に従事、街の課題解決のための仕組みづくりも手がけている。

福田知弘　大阪大学 大学院工学研究科 准教授・博士（工学）

大阪大学 大学院工学研究科 環境工学専攻 博士後期課程修了。環境設計情報学を専門とし、XR、AI、BIMなど先進的なデジタル技術を環境・都市・建築・土木工学に応用している。CAADRIA国際学会フェロー。主な著書に『都市と建築のブログ 総覧』。渋谷エリマネサイネージなど環境・技術評価に関するアドバイザーに従事。

福田太郎　日建設計 都市部門 ダイレクター

日建設計入社後、国内外のアーバンデザインや、ウォーターフロントなど遊休地活用検討などに携わり、近年は、渋谷・新宿・虎ノ門などをフィールドとしたTOD（駅まち一体開発）プロジェクトのコンサルティング、PPP（官民連携）による法規制緩和・エリアマネジメントコンサルティングなど、幅広く活動。

金行美佳氏のプロフィールは P.059 に掲載

JAPAN 2nd Album
Phenomenon
2019 MONSTA X WORLD TOUR
'WE ARE HERE' IN JAPAN
NETFLIX

SoftBank
5G
8.21 R
渋谷駅
shibuya station
侍魂
SAMURAI SPIRITS
オンライン
朧月伝
超大型江戸剣劇　ここに開幕！
ハチ公改札

Chapter-5 第5章

渋谷と未来

SHIBUYA × FUTURE

渋谷区が掲げる「ダイバーシティとインクルージョン」を合言葉に、新しいまちづくりのプラットフォームとして、2018年に設立された渋谷未来デザイン。産官学民が連携したクロスセクターで行われているさまざまなプロジェクトや、フューチャーデザイナーや渋谷区長との対話から見えてくる未来の渋谷、そして未来のまちづくりとは?

TALK—09 | P.200 |
渋谷を、多様性あふれる
世界最前線の実験都市に

SPECIAL TALK | P.212 |
長谷部健区長に聞く
変わり続ける渋谷と未来とまちづくり

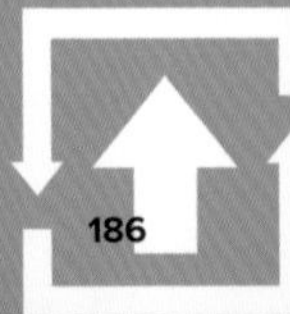

第1章から第4章まで、この街に関わるさまざまな人たちとの対話を通じて、〝渋谷モデル〟のまちづくりについて掘り下げてきた。

とかく「まちづくり」や「再開発」というと、どうしても駅前にある商業施設やタワーマンションといった建物にばかりに目が向いてしまうが、当然のことながら、街はそうした「大きなもの」だけでできているわけではない。さらに、新型コロナウイルスの流行によって、私たちは都市そのものに対して疑問を感じ始めており、ただ便利なだけでは人は集まらない時代になっている。

未来の街に欠かせないのは、中心部にあって利便性の高い大きなものと、周辺部にある個性ある小さいものをつなぐ「中間の存在」。たとえば、3章で触れた道路や広場や公園といったパブリックスペースが、まさにそう。そうした場所で起こるアクティビティをどうやってデザインしていくか、また、どうすれば「その街に行きたい!」と思わせられるかも重要になる。

そんな、まちづくりにおける「中間の存在」ともいうべきプラットフォームが、私たち一般社団法人渋谷未来デザインだ。キーワードは、「ダイバーシティとインクルージョン」。渋谷に住む人、働く人、学ぶ人、訪れる人など、さまざまな人たちのアイデアや才能を、企業や個人といった領域を超えて集め、都市に実装していくこと。街のあらゆる場所で実験をして、まちづくりの新しいモデルをつくること。渋谷未来デザインは、オープンイノベーションによって社会課題の解決と都市の可能性をデザインする産官学民連携組織として、2018年に設立された。

渋谷未来デザインというプラットフォームは、なぜ生まれたか

渋谷区では当時、長谷部健区長のもと、渋谷に集う企業や人の力を活用したまちづくり組織が必要なのではないかという議論があった。行政や開発事業者が主導で行うまちづくりというと、ビルを建

てるとか道路を整備するといったように、どうしてもハードに偏ってしまいがち。設立にあたっては、まちづくりの専門家だけでなく、さまざまな分野で活躍する人たちとの意見交換が行われた。
行政主導では、これまでの延長線上にある組織になってしまって、本当の意味でのイノベーションは生まれないのではないか、もっと渋谷に集う企業や人の力を活かし、街の文化づくりにアクセスで

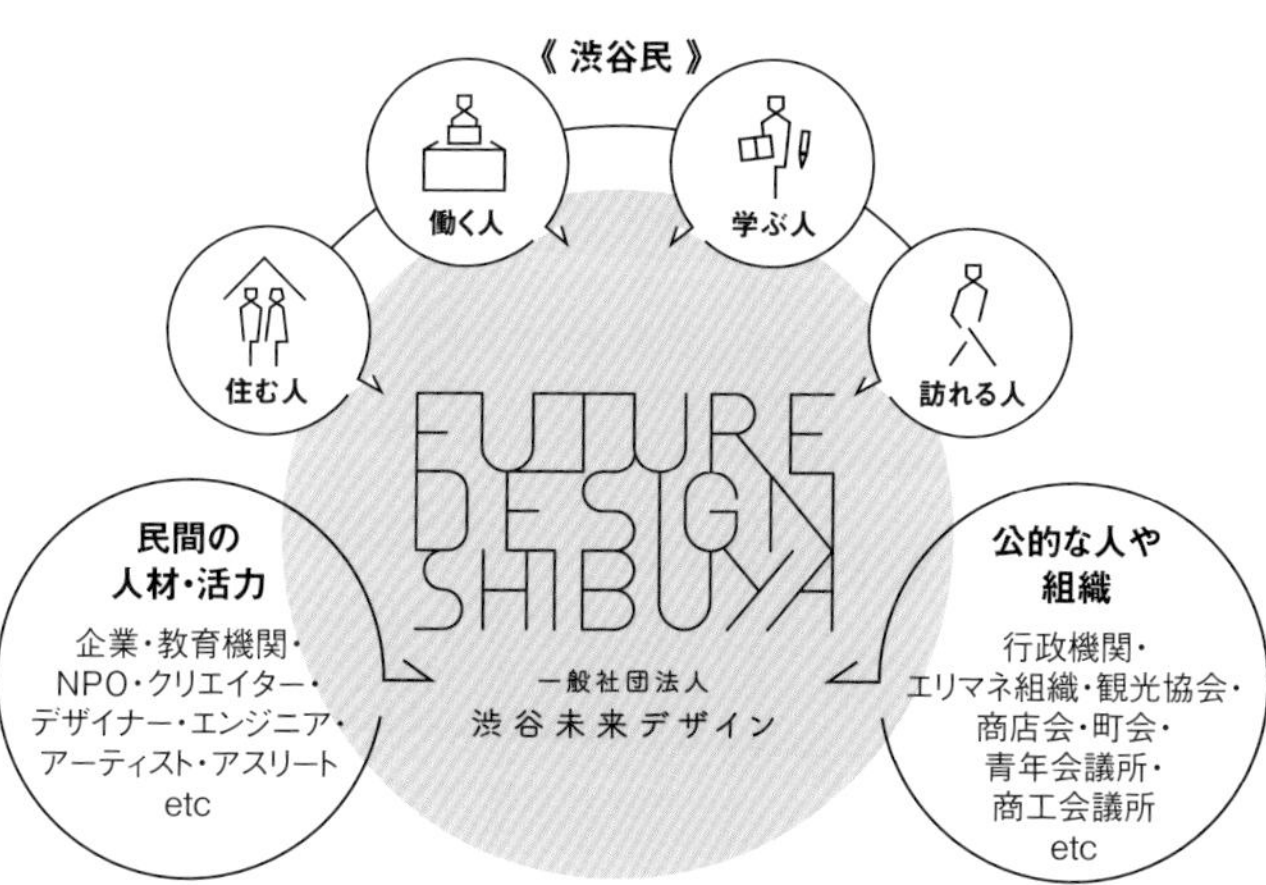

「ちがいを ちからに 変える街。渋谷区」

渋谷に集まる多様な個性と共に実現するイノベーションプラットフォーム

渋谷区の持続的な発展へとつながる7つの分野をデザイン

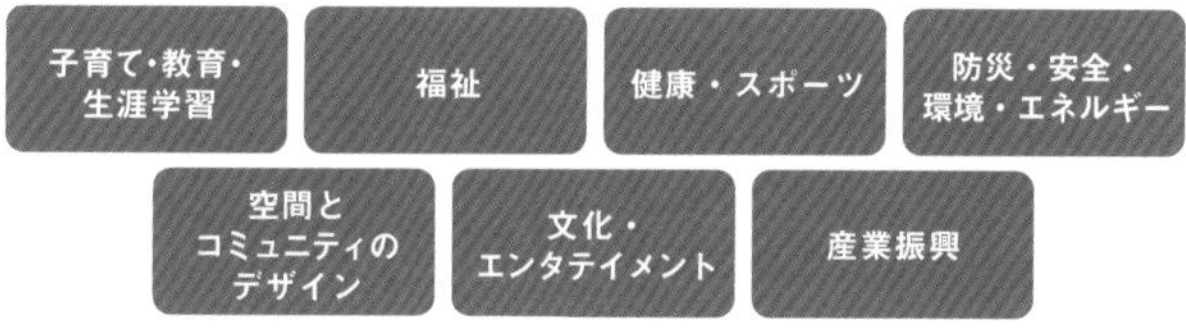

ビジョン
多様性あふれる未来に向けた世界最前線の実験都市「渋谷区」をつくる。

ミッション
渋谷区から都市の可能性をデザインする。モノ、コト、サービス、コンテンツ、テクノロジー、クリエイティブ、デザイン……。渋谷区全域をフィールドに、多様なアプローチで企業・市民と共に、可能性開拓型プロジェクトを推進する。

渋谷未来デザインの組織図/組織の概要

きる組織が必要なのではないか……。

行政だけでも民間だけでも実現できない、多様性にあふれたイノベーションプラットフォーム。噛み砕くならば、渋谷に関わる人たちが動き出すきっかけをつくり、新しい〝渋谷らしさ〟を生み出すところまでコミットしていく組織、あるいは街に付加価値を与える組織といってもいいだろう。

2021年6月現在、渋谷未来デザインのパートナー企業および会員企業は、開発事業者やデベロッパーはもちろん、IT、コンテンツ、ファッション、食品……など80社以上。ほかにも渋谷区から出向したメンバーや、さまざまな分野の専門家、さらに提案された事業の方向性を定め、アドバイスを行う「フューチャーデザイナー」が、プロジェクトの立ち上げや実証実験にあたっている。

渋谷の街で実験したことを世界に向けて発信・提示することで、最終的には社会全体の持続的な発展につなげることを目指す。それが渋谷未来デザインのミッションだ。

観光資源であり、イノベーションのきっかけになる都市フェス「SIW」

設立後、まず取り組んだのは、2017年に渋谷区観光協会が立ち上げていた「DIVE DIVERSITY SUMMIT SHIBUYA 2017」(ダイバーシティ サミット)。渋谷の街で、都市の可能性や社会について学んだり、新しいサービスに触れたりできるイベントで、同イベントを渋谷の観光資源としてだけでなく、イノベーションのきっかけとなる都市フェスに育てていきたいと考えた。

ちなみに、2015年に長谷部区長のもと策定された「渋谷区基本構想」のスローガンは、「ちがいをちからに変える街。渋谷区」。この原点にあるのが、渋谷未来デザインのキーワードにもなっている「ダイバーシティ&インクルージョン」。渋谷らしさを、どうやって21世紀型にアップデートしていくかがテーマだった。

モデルにしたのは、アメリカ・テキサス州オースティンで行われている複合フェス「サウス・バイ・サウスウエスト(SXSW)」や、オーストリアのリンツで行われているメディアアートイベント「アルスエレクトロニカ」。こうした街と文化に立脚した新しいイベントをつくることで、世界中から人々が学びに来たり、観光に来たり、さらには企業からの投資が集まったり、成熟した都市をつくるエンジンになるのではないかと考えた。

そして2018年、ダイバーシティサミットは、ソーシャルデザインをテーマにした都市フェス「SOCIAL INNOVATION WEEK SHIBUYA(S－W)」へと生まれ変わった。

期間中は、渋谷のさまざまな場所で、「都市・まちづくり」「ソーシャルグッド」「テクノロジー」などをテーマに、さまざまな登壇者が語り合うトークセッション「Conference」が行われるほか、社会をよりよい方向に導くアイデアやアクションを表彰する「Award」、参加する人たちが交流できる「Networking」、好奇心を刺激する体験プログラム「Experience」の、4つのプログラムを展開している。

2021年には5回目を迎え、スタイルや開催する意義など、ようやく輪郭が整い始めたところ。さまざまな人たちのアイデアが集まり、さまざまなアイデアがサービスや商品になり、そのトレンドを生み出す。渋谷発の〝未来を彩るアイデアの祭典〟として進化を続けている。

SOCIAL INNOVATION WEEK

金山淳吾が語る「SOCIAL INNOVATION WEEK SHIBUYA(SIW)」

国内最大級のソーシャルデザインをテーマにした東京・渋谷の都市フェス、SIWのエグゼクティブプロデューサーが語る、同イベントのこれまでとこれから。

—前身となる「ダイバーシティサミット」立ち上げの経緯は？

渋谷って、街としてのブランドはあるけれど、わかりやすい観光資源があるわけではないんです。たとえば、代々木公園はいい公園だけれど、動物園や美術館がある上野のほうがコンテンツとしてはリッチ。スクランブル交差点だって、言ってみれば人がめちゃくちゃいる横断歩道だし、ハチ公だって、そこを目指してくる場所ではない。ハードとしての観光資源には限界があるので、ソフトとしての文化資源、街にイノベーションを起こすような仕掛けをつくりたいと思ったんです。

—なぜイベントのテーマを「ダイバーシティ」に？

「ダイバーシティ」とはいっても単一民族、単一言語に近い日本の場合どうしても、LGBTQや障害を持った人とどうやって共生できる社会をつくっていくかという点に、アジェンダが集約されてしまいます。音楽もあればファッションもあるし、若者もいればビジネスパーソンもいる。やっていることや考えていることが違う、そういう多様な人たちが入り交じって、認め合えるのが渋谷の魅力。もう少し大きな視点で「ダイバーシティ&インクルージョン」を捉えれば、みんなが自己実現できるきっかけになるんじゃないかな、と考えて。

—SIWのコンセプトやターゲットは？

ただ個性的な人たちが集まるのではなくて、「よりよい社会を望む心」みたいなものが集まる2週間にしようということで、2018年からは「SOCIAL INNOVATION WEEK SHIBUYA(SIW)」と名前を変えました。イベントって、デザインとかアートといったテーマを決めるのが普通ですが、SIWはノンジャンル。ターゲットの世代やコミュニティも決めず、「何をやったら面白いかな」という一点でコンテンツを企画しています。

—スタートから5年目を迎えて感じる変化は?

半官半民的に立ち上がった都市フェスなので、最初は「とりあえず見ておこう」という行政関係者も少なくありませんでした。でも最近は、年齢層も幅広い一般の人たちが来てくれるようになった。ここ1~2年は、企業からの問い合わせも増えたし、「こんなことをやりたい!」という提案のサイクルが生まれている。いい意味で"文化祭的"なイベントとして、定着していきそうな気配がありますね。

—SIWは、これからどんなイベントを目指している?

このフェスをきっかけに、やっぱり渋谷は面白い、だから渋谷でチャレンジをしてみようとか、新しいお店や会社をつくってみようというように、「何かをやってみたい」という気持ちが生まれてくれたらうれしいですね。その空気自体が観光資源というか、渋谷らしさ。僕はもともと、渋谷を子どもたちの「ふるさと」にしたいという想いでまちづくり活動を始めたのですが、SIWが、ふるさと渋谷を代表するイベントに育ってくれることを願っています。

SHIBUYA PEOPLE

SIWを、ふるさと渋谷を代表する都市フェスに!

金山淳吾
渋谷未来デザイン

金山淳吾 渋谷未来デザイン ジェネラルプロデューサー

電通、OORONG-SHA、ap bankの事業開発プロデューサーを経てクリエイティブアトリエTNZQを設立。「クライアントは社会課題」というスタンスからさまざまなクリエイター、デザイナー、アーティストと企業との共創で社会課題解決型のクリエイティブプロジェクトを推進。2016年より一般財団法人渋谷区観光協会代表理事を務める。

産学官民が連携した、渋谷らしいプロジェクトを

ここで、SIWのほかにも現在、渋谷未来デザインが中心となって、行政や民間企業をはじめクロスセクターで取り組んでいる、代表的なプロジェクトをいくつか紹介したい。

□ NEXT GENERATION

U-15(中学生以下)を対象にしたストリートスポーツ啓蒙プロジェクト。スケートボードやブレイクダンス、ダブルダッチ、BMXといったスポーツは、プレイできる場所をはじめ社会課題と表裏一体。ストリートスポーツ振興とマナー啓蒙を目的とし、コンペティションの実施を基軸に、体験イベントやスクール事業など、包括的に展開する。街や公園にそうした学びの場を創出するとともに、コミュニティの中でルールを身につけカルチャーを学ぶ、渋谷らしいプロジェクト。

□ 渋谷5Gエンターテイメントプロジェクト

KDDI、渋谷未来デザイン、渋谷区観光協会の3者が連携し、エンターテイメント領域から、新しいテクノロジードリブンな都市体験をつくるプロジェクト。2020年度は、区の公認で「バーチャル渋谷」を誕生させ、さまざまなイベントのほか、AR技

NEXT GENERATION

渋谷5Gエンターテイメントプロジェクト

術や5Gカメラなどを使用した企画や実証実験などを行った。現在70社以上の企業が参画し、JACEイベントアワード最優秀賞経済産業大臣賞、日本イベント大賞などを受賞。コロナ下のみならず、プレ観光のコンテンツとしても期待されている。

□渋谷データコンソーシアム

渋谷区のスマートシティ化を進めるうえで基礎となる、ビッグデータやオープンデータを推進することを目的に、専門家とコンソーシアム会議を組成。ICTベンダーやネットワーク事業者、サービス事業者などの会員企業とともに、さまざまなプロジェクトを推進。産官学民のデータを掛け合わせることで、社会課題の新たな知見やソリューションを創出できる基盤を構築、渋谷区の行政サービスや社会サービスの開発と提供を目指す。

□渋谷区公認スーベニア事業 SHIBUKURO

カラフルなオリジナルタグが付き、渋谷ならではのメッセージや魅力の詰まったオリジナルバッグ「シブヤのフクロ＝シブクロ」。この新しいお土産から生まれた収益の一部を、渋谷の課題解決・まちづくりに還元する。〝シブヤのフクロで未来を動かす〟ソーシャルアクションの第一歩。

渋谷区公認スーベニア事業 SHIBUKURO

渋谷データコンソーシアム

□ SCRAMBLE STADIUM SHIBUYA

代々木公園エリアに、サッカーやライブが楽しめるスタジアムを含めたエンターテイメントの環境整備を行うプロジェクト。公園利用者や地域住民などユーザーの使い方から、法律による用途制限の緩和まで、新しいルールメイキングを見据えた基礎研究やワークショップなどを行っている。行政や都市がこれから、さまざまな空間を収益化していくことが求められる中、渋谷未来デザインにとって最もチャレンジングなアジェンダのひとつ。

ここにあげたほかにも、次世代のパブリックスペースの利活用を考える「公共空間NEXT」、笹塚・幡ヶ谷・初台・本町地域を魅力的な街にしていく「ササハタハツまちラボ」などなど。イベントから社会実験まで、行政だけでは進めることができない、まさに多様性あふれる数多くのプロジェクトが進められている。

渋谷未来デザインは、おそらく今までどこの地域にもなかった新しい組織。そういう意味では、組織のあり方を含めて、すべてが実験的なプロジェクトともいえるかもしれない。

「渋谷区基本構想」の中にも「『成熟した国際都市』の実現」を目指すとあるように、10年後、20年後をイメージしてみると、これから都市が成長から成熟へとシフトしていくことは間違いない。右肩上がりを前提とした成長戦略から、もっと豊かな文化的戦略へ。

公共空間NEXT

SCRAMBLE STADIUM SHIBUYA

都市機能をアップデートし、文化をインストールすることで、成熟という未来のモデルへとつながる、どんなシナリオを描いていけるか。それが、渋谷未来デザインに課せられた大きなミッションだと感じている。

一言で「まちづくり」とは言うものの、街というのは、つくれるようでつくれないもの。いきなり正解にはたどり着けないので、成功と失敗を繰り返し、柔軟にアプローチを変えながら、アクションを続けていく。地域に密着し、多様な主体をつないだプロジェクトを常に立ち上げて、街そして社会へ実装していきたいと考えている。

そして、私たちのもうひとつの大きなミッションは、このロールモデルをほかの地域へと広げていくこと。なぜなら、きっとどの街でも、渋谷と同じような、まちづくりの課題を抱えているはずだから。

ササハタハツまちラボ

渋谷未来デザインが設立されてから4年あまり。まだまだ海のものとも山のものともつかない組織だが、アクションをし続けていると次第に、一緒に何かをやってみたいという人たちが増えていくのを感じている。重要なのは、街で暮らす人、働く人、訪れる人たちの声を拾って集約していくこと。そうした人たちの、ふとした思いつきを形にしていくこと。渋谷未来デザインのような存在が、未来のまちづくりにとって欠かせない方法のひとつになれたら、と考えている。

人が主役になり、本当の意味で「まちづくりがカルチャーになる」その日まで。〝シブヤ系まちづくり〟は、これからも変わり続けていくだろう。

SOCIAL
INNOVATIO
WEEK 202
2020 11.7SAT-11.15

誰もがこのような機会を待っていると思います

ESPORTS
BEYOND
SHIBUYA

SOCIAL
INNOVATIO
WEEK 202

パートナー企業や市民とともに、さまざまなアプローチで可能性開拓型プロジェクトを推進する産官学民連携組織として、2018年に設立された「渋谷未来デザイン」。フューチャーデザイナーを務める EVERY DAY IS THE DAYの佐藤夏生さん、ロフトワークの林千晶さんと、パートナー企業である日建設計の奥森清喜さん、事務局長の大澤一雅、理事の長田新子が、この街の未来と、渋谷未来デザインの役割について語り合った。

TALK—09

渋谷を、多様性あふれる世界最前線の実験都市に

SHIBUYA FUTURE

渋谷は、多様な人とライフスタイルを受け止める街

佐藤　僕は学生時代は渋谷で遊んでいましたし、今は自宅も仕事場も渋谷。若い頃と今とでは、渋谷での過ごし方、関わり方はずいぶん変わりましたが、変わらず楽しめています。それは渋谷が若者の街や買い物の街というだけではなく、保育園がたくさんあって子育てがしやすかったり、おいしいコーヒーを買って公園でのんびりできたり、実は包容力のある街だからなんです。

大澤　私は38年間、区役所に勤めていて、10年ほど前からまちづくりに関わり始めました。ひとつの街で、大きな再開発事業が5つも同時に進むのは前代未聞でしたし、パースや模型で見たものがそのとおりにできていくのですから、こんなに面白いことはない。まだ道は半ばですが、ここまででも十分感慨深いし、改めて「この街できることは何だろう?」と考えなければいけないなと感じています。

佐藤　渋谷には、A面B面がありますよね。買い物や遊びをしたい人がいて、音楽もファッションもある。それでいて暮らしている人もいる。そういう意味で、多様なライフスタイルがある。だから人も多様、逆にいえば多様な人がいるからライフスタイルも多様なわけで。

大澤　渋谷って面白い街ですよね。道路はクネクネしているし、ビルの裏側には人が住んでいるエリアもあるし、小さな飲食店の並びに超有名なお店もある。コロナ禍のあと、また違う世界になったら、今感じているリアルの大切さを活かしてまちづくりを進めたいと思っています。

長田　私は、2018年の4月から渋谷未来デザインで仕事をしています。コロナの前は企業と一緒に行うプロジェクトが多かったのですが、最近では街の人から「渋谷未来デザインって〝空中〟の仕事が多いけれど、僕たちは〝地面〟にいる。もっとそういう仕事をやってほしい」といった意見をもらうことが増えて。まさに我々としてこれから進めるべきことだと思っています。

奥森　新型コロナウイルスの流行によって、都市に対して人々が疑問を感じ始めているのは間違いないでしょうね。そして、人が集まることの価値をどう考えるか。たとえば、今まで渋谷は中心部

が主体として機能してきましたが、今後は周辺部分も含めて、よりいろんな要素を包含していくようになるでしょう。

林　人口の7割が都市に集中するといわれていて、人がどんどん集まってくるのは、渋谷だけじゃなくて世界中で起こっていること。だけどコロナによって、みんな「これって本当かな？」と考え始めたんだと思います。

奥森　いろいろな色を持つ個性的な街が、それぞれに特徴を出しながらやっていく。僕は、東京全体がモザイク型に多様な魅力を放つようになるのが望ましいと思うんです。渋谷はその最もコアな、働く・遊ぶ・住む要素が凝縮されたエリア。

自治体といいペアを組んで200人くらいの〝村〟をつくりたい

林　たしかに都市の魅力はある。でもこれからは、コロナの影響もあって、便利なだけでは人が集まらなくなると思います。なぜなら、QOL（クオリティ・オブ・ライフ）が低いから。私もこれからの生活を考え直しているし、今は会社も自宅も渋谷だけれど、複数の拠点で生活をしてみたいと思っています。

SHIBUYA PEOPLE

世界で最も多様性を体現した街をつくる

大澤一雅
渋谷未来デザイン

長田　それはやっぱり、コロナが起こったことで考えるようになったんですか？

林　そうですね。私の理想は、200人くらいの〝村〟をつくること。自分たちが決めたルールでうまくいく人数が、だいたいそのくらいかなと思って。都心の中で共存するビレッジ形式なのか、少し離れた郊外なのか、いっそ地方なのか、パターンはあると思いますけど。

佐藤　どれもできそうですね（笑）。

林　そのときに、自治体といいペアを組みたいなと思って。長田さんの話じゃないけれど、私もますます地面を歩こうと思って。

佐藤　コミュニティをつくるには、共感できるテーマが必要ですよね。徳島県の神山町ならデジタ

ルとか、上勝町ならゴミゼロとか。どんな旗を掲げるかによって集まる人が変わる。

林　これまでは、いわば〝動脈〟ばかりがデザインされてきました。渋谷駅が動脈のデザインの象徴であるなら、静脈は、夏生さんが言うような共感できるテーマ。これからは、動脈と静脈をともにデザインする時代だと思います。

佐藤　強いものとか大きいものが評価されるのが20世紀。でも今は、情報化社会になったことやコロナの影響で、〝スモールストロング〟とか〝リトルグッド〟が成り立つ社会になりました。渋谷にも、そういうことが山のようにある。僕はコロナ禍に、仕事場のグリーンにひとりで水をあげに行っていましたけど、必ずお気に入りのコーヒー屋やパン屋に寄っていました。スモールでリトルなものを一つひとつ丁寧に選ぶのを楽しんでいます。

林　うん。でも一方で、若い子たちがみんなスモールでリトルなものだけを目指すのは、明るい未来ではないとも感じていて。ロフトワークが運営している100BANCHで、若い人に夢を聞くと「地方に住みながら世界中の大学に通いたい」とか「見晴らしのいいところで暮らしたいから、バスを可動産として捉えて、移住型で暮らしたい」とか、今だから実現できる未来を語っているんです。私は、そういう夢もサポートしたいな。

変革の入り口は「個」？それとも「私たち」？

佐藤　千晶さんみたいな人が頑張ってくれると、社会はよくなると思います。ただ、カルチャーはスモールなものから生まれると思うんです。僕は、ラーメンとカレーとピザとパンとコーヒーは日本が世界一だと思っていて。

林　え、世界の中で一番なんだ！

佐藤　もともとよその国の文化だったものをここ

まで磨き上げたのは、個々の解像度というか、日本人のこだわりの賜物なんじゃないかと。行政の指導でもなければ、グローバル化の傾向とも違う、個人の向き合いや取り組み。そういう意味においては、プラットフォームは別にして、強い個がたくさん存在していることが大事。変革の入り口は、「個」だと考えています。

林　なるほど。私の場合は「コ」だけど、「一緒につくる＝CO」の「コ」なんですよね（笑）。

佐藤　大昔、代官山もハリウッドランチマーケットが1軒あって、それだけじゃないにしても、あそこを起点にして街が変わり始めたじゃないですか。清澄白河にあるブルーボトルコーヒーもそうで、誰かのクリエイションが街を興すこともある。大手デベロッパーが街を豊かにすることも、もちろん間違ってはいないんだけれど、どっちを応援したいかというと、僕は個のほう。

林　たしかに。でも、どちらかじゃなくて、その真ん中としてのCOはどうかな？　大企業か個人かという枠組みを離れた、「私たち」としての存在。200人くらいの村という話をしましたが、これからはそういうものが主体になってくるんじゃないか、っていうのが私の挑戦です。

奥森　たしかに今、中間的なところが一番求められているというのはわかります。

長田　38年この街を見続けてきて、大澤さんは今の渋谷をどう感じていますか？

大澤　地域というのは変わらないものだな、というのが私の長年の感想でした。町内会でいえば、町会長が60代ではまだ若手で、70〜80代が中心みたいな世界があったんです。ところがそういう世代の人たちが今、変わり始めている。

林　私も、それは感じています。

大澤　これまでも、渋谷区では「多様性」とか「インクルーシブ」などと言ってきましたが、なかなかそこにたどり着けない人もいました。でもビルが建ったり、道路が整備されたりするのを見て、「あ、自分もそろそろ変わらなきゃ」と気づいた。

SHIBUYA PEOPLE

行政だけでなく住民や社会のニーズを形にする

長田新子
渋谷未来デザイン

人間は環境の中で生きているので、周囲の変化から何かしらの影響を受けると思うんです。

長田 コロナの後押しもあって、渋谷が目指しているダイバーシティが進んだ、と。

大澤 そうですね。個人的にも、2020年に渋谷未来デザインの事務局長になって、世界が広がっていきました。今まで、言葉では「多様性」と言っていましたが、本当に多様な人と出会うようになって。私でさえそうなのですから、きっと渋谷に関わるたくさんの人たちも同じではないかなと感じています。

重要なのは、「大」と「小」の中間にある〝つなぎやスキマ〟

林 今はリモートでつながれるので、意思を持たないと人とは会えなくなりました。行かなければならない場所だったオフィスも今や、行きたいと思わせなければ、誰も来ない場所になった。つまり、オフィスは気持ちよく、楽しい場所でないとダメなんです。

奥森 僕らは今、オフィスではなく「ワークプレイス」という言い方をしているんです。オフィスでもカフェでもラウンジでも、働けるのならそこがワークプレイスで、今までの明確な区切りは曖昧になってきている。

林 欧米ではとっくに取り組んでいたことですけど、くしくもコロナによって、日本のオフィス事情も変わりつつありますね。

奥森 そこで求められるのは、いかに人が集まり、いかに新しいアイデアをつくり出せるか。そういう場所づくりが、今まさに議論されています。

佐藤 オフィスの場所も、住む場所もそうですが、僕はターミナル駅から超遠い場所っていうのが好きなんです。なぜなら、スモールでリトルなものが生き残れる余白があるから。

長田 渋谷って、駅前には

SHIBUYA PEOPLE

スモールでリトルなものが生き残れる「余白」が街のQOLを上げていく

佐藤夏生
EVERY DAY IS THE DAY

大きな商業施設もあれば、路地裏にすごく小さなお店もあって、それが渋谷らしさというか、大事にしなければいけない文化だと私も感じています。

佐藤　一方で、戦略でつくられた場所が増えすぎると画一化されて、個人の感覚やセンスによる味わいがなくなってしまうのは面白くないですよね。経済的な要因が大きいので、最適化されないものが淘汰されていくのは間違いないので。

奥森　やっぱり「個」がベースにあるんですね。

佐藤　コロナによって時代が変わって、さらに最適化、スマート化が進んでいくと思います。そういう新しい流れに乗っていける人は、

未来にワクワクできる。千晶さんの話は理解したうえで、自分自身は、逆に最適化が進まないように気をつけています。

奥森 中心部にある利便性の高い大きなもの、周辺部にある個性の強い小さなもの、街はそのどちらかだけでできているわけではありません。そのときに重要なのが、「大」と「小」の中間にある、つなぎとかスキマ。

長田 たしかに「大」と「小」の話はよくするけれど、「中」の議論にはあまりならないですよね。

奥森 それが、これまでは公園だったり広場だったりしたけれど、今は民間の建物の中にもパブリックスペースがあるし、道路の使い方もずいぶん自由になってきています。それらをどう魅力的にして、大きいものと小さいものをどうクッションさせていくかが重要になっていますよね。

大澤 渋谷は地形の制約もあって、実はそれほど広くありません。アーバン・コアもそうですし、今議論されている公共空間は、サイズ的にも位置づけとしても中間のエリアですね。

林 まさしくそこが、渋谷の強み。中規模だからこそ実験できるんですよ。大規模だと無理があるし、小規模では意味がない。

奥森 今まさに、渋谷未来デザインと一緒に「SMILEプロジェクト(※)」という新しいモビリティハブの社会実験を準備しています。渋谷は国内外に発信力がありますから、大・中・小のエリアをつなぐ新しいモデルの街として、アピールしていきたいですね。

フューチャーデザイナーは、渋谷の未来をどう描く？

長田 最後に、どんなことをしたら渋谷がもっと

※SMILE プロジェクト
「Shibuya Mobility and Information LoungE」の略。渋谷駅から少し離れた場所に、地域とつながる小さな拠点をつくる社会実験。地域密着型モビリティ（バス・シェアサイクル）やベンチなど休憩場所を兼ね備える。

魅力的な街になるのか、そして、渋谷未来デザインはどんなプラットフォームになればいいのか、聞かせてください。

大澤　私はやはり、一人ひとりが自分の好きなもの、多様性を広げてほしいと考えています。まずは、好きなものを大事にする時間を増やすこと。会社に勤めているかどうかとか、まとまった時間があるかどうかは関係なく、自分の中での比率を高める。多様性を大事にする世の中になってほしいし、渋谷がそれを最も体現する街になってほしいというのが、未来に向けての私の希望です。

奥森　すばらしい！　宣言が出ました。

佐藤　先ほどの中間の話ですが、放っておくとやはり強くて大きいものが勝ってしまう。だから、具体的には公園とか植物園とか、橋とかいった余白が、たくさんできるといいですね。夕日が沈むときにガールフレンドと一緒に歩いたら影が伸びた、みたいなことって、経済的な意味はないけれど街のQOLを上げるじゃないですか。

林　パブリックだけれど民間も入ってくるような中間の場所で、未来に対していかに動くことができるか。私は、その実験をどんどんしていくのが渋谷の役割だし、渋谷未来デザインがとるべき道じゃないかなと思っています。

佐藤　スマート化は黙っていても進んでいくので、それとは違う「余白」をつくるのが、新しい行政の可能性。キープするだけでなく、生み出していく。古いシステムだとなかなかやりづらいので、そこに渋谷未来デザインの可能性もありそうです。

奥森　すでにある程度、アイデアはあるので、フューチャーデザイナーも含めて渋谷未来デザインがどんどん実行して、その流れを加速させていく。行政だけでなく、民間やクリエイターが入った組織の強みを、どうやってリアルに活かしていくか。そのあたりが、セカンドステップの大きなテーマになるのではないでしょうか。

長田　3年間活動してきてわかったことは、や

SHIBUYA PEOPLE

パブリックだけれど民間が入れる“中間”でどれだけ実験できるか

林千晶
ロフトワーク

っぱり行政のニーズではなく、住民のニーズ、社会のニーズが重要だということでした。渋谷には、アイデアを持っている人がたくさんいるし、実験ができる態勢も整っています。渋谷未来デザインから、ひとつでも多くのプロジェクトが生まれて、街のみんなで実験して、もしかしたら村が立ち上がる!? みたいな。そのお手伝いができたら、と考えています。

佐藤 こんな感じで話がまとまったのかな……。でも、まとまらないっていうのもダイバーシティだし、渋谷らしいのかもしれませんね(笑)。

大澤一雅 渋谷未来デザイン 事務局長 / 理事

1958年福岡県生まれ。1982年渋谷区入区以降、総務、広報、福祉、清掃、スポーツなどの所管を経て、教育部門では教育委員会事務局次長、総務部門では総務部長を歴任。渋谷駅周辺整備、宮下公園整備、渋谷カウントダウン、ハロウィーン対策などに従事。2020年4月から渋谷未来デザイン事務局長に就任。

長田新子 渋谷未来デザイン 理事 / 事務局次長

大手通信・システムの営業、マーケティングおよび広報責任者を経て2007年レッドブル・ジャパン入社。コミュニケーション統括責任者を経て2010年からマーケティング本部長(CMO)として、エナジードリンクのカテゴリー確立およびブランド・製品を市場に浸透させるべく従事し、2017年に退社。その後、渋谷未来デザイン設立に携わり現在に至る。

佐藤夏生 EVERY DAY IS THE DAY クリエイティブディレクター

博報堂エグゼクティブクリエイティブディレクター、HAKUHODO THE DAY代表を経て、2017年、ブランドの課題解決ではなく、可能性創造をリードするブランドエンジニアリングスタジオ EVERY DAY IS THE DAYを立ち上げる。2018年より、渋谷未来デザインのフューチャーデザイナー、横浜市立大学先端医科学研究センターのエグゼクティブアドバイザーを務める。

林千晶 ロフトワーク 共同創業者 / 取締役会長

早稲田大学商学部、ボストン大学大学院ジャーナリズム学科卒。花王を経て、2000年にロフトワークを起業。Webデザイン、ビジネスデザイン、コミュニティデザイン、空間デザインなどを手がけるプロジェクトは年間200件を超える。2018年渋谷未来デザインフューチャーデザイナーに就任。

奥森清喜氏のプロフィールは P.045 に掲載

TOWER
RECORDS

2015年に区長に就任し、翌2016年には20年後のビジョンを描いた渋谷区基本構想を策定。
「ちがいを ちからに 変える街。渋谷区」をスローガンに、
さまざまな改革を行っている長谷部健区長。コロナ禍で考える都市の価値や、
この先に控える再開発、さらに渋谷の街の成り立ちからカルチャー、シティプライドまで。
渋谷未来デザインのメンバーが、渋谷の未来とまちづくりについて話をうかがった。

SHIBUYA × FUTURE

SPECIAL TALK

長谷部健区長に聞く 変わり続ける 渋谷と未来とまちづくり

長谷部健 渋谷区長

1972年3月渋谷区神宮前生まれ。博報堂退職後、NPO法人green birdを設立し、街をきれいにする活動を展開。原宿・表参道から始まり全国60ヵ所以上でごみのポイ捨てに関するプロモーション活動を実施。2003年から渋谷区議会議員(3期12年)、2015年4月27日に渋谷区長就任(現在2期目)。

「ロンドン、パリ、ニューヨーク、渋谷区」という言葉が、みんなの意識を変えた

――まずは、新型コロナウイルスの影響と、渋谷に起こった変化について教えてください。

渋谷の街はこれまでも、新しいものが生まれては消えて……というように変化を続けてきました。それが今回は、ダメージを受けて変わるという初めての体験。特に外国人観光客向けの商売は厳しい状況にありますが、コロナとどう向き合っていくべきか挑戦しているところです。

不幸中の幸いは、DX化の下準備をしていたこと。2019年に区役所が新庁舎に移った際にデジタルインフラを整え、公立学校でも1人1台タブレットを導入しました。特に渋谷の場合は「都市で暮らす」がテーマなので、デジタルの活用は欠かせません。その流れはさらに加速しているし、非接触型の買い物・決済の促進やスタートアップ企業との連携など、行政が後押しできる部分はどんどんやっていきたいですね。

――都心から地方へ出ていく人や企業が増えたという話もありますが……。

もちろん、その可能性はあるでしょう。ただ都市に漂うグルーヴ感とかリアルのよさ、そうしたものへの欲望は、なくならないと思うんです。そういう意味でも「渋谷に来れば何かがある」「都心で暮らすなら渋谷」と思ってもらえる街であり続けたいですよね。とはいえ、ほかの街を蹴落としてまでとは思っていないんです。なぜなら、東京がよくならないと渋谷もよくならないので。

――まちづくりは、長谷部さんが区長になってすぐに策定した基本構想がベースになっています。

こんなに繰り返し基本構想を発信している区って、ないですよね(笑)。就任当初には「ロンドン、パリ、ニューヨーク、渋谷区」とぶち上げて笑われたこともありましたが、そのおかげでみんなの目線が世界に向いた。それまでは「ほかの区はこんなことをやっている」とか「渋谷区が日本初」なんてことばかり意識していたのに。

――ビジョンが共有されているので、自分ごととして捉えられるようになった、と。

僕はずっと、ハンコを押して回るみたいな文化には早くおさらばして、自分の意見を言えるクリエイティブな集団になろうと伝えてきました。そ

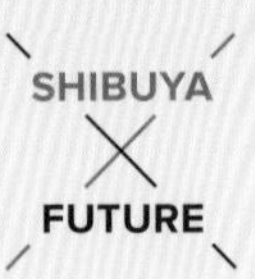

の結果、いろいろな提案が集まってきます。話題になったパートナーシップ証明書は、区職員の永田龍太郎さんがいたからこそだし、渋谷区で今一番人が集まる公園「渋谷はるのおがわプレーパーク」も、地元のお母さんたちが発案したもの。

もちろん何でもOKではないですが、提案には、基本的には「いいよ」と答えるようにしています。渋谷には面白い人たちがたくさんいるので、それを活かさない手はない。今はポジティブなサイクルができてきたと感じています。

――「渋谷はいつも面白いことをやっている」というイメージがありますよね。

僕自身、区長になる前から、NPO法人の「green bird」や「シブヤ大学」を立ち上げて、プロデューサー的な視点で社会活動に関わってきましたし、渋谷未来デザインもまさに同じ考え方でつくったもの。まちづくりを行う組織は全国にあるけれど、ほかにはないユニークな集団なので、これから起こる化学反応に期待しています。

混ざり合って新しいものを生み出す それが「渋谷のカルチャー」

――渋谷駅周辺の再開発は完成のメドが立ってきましたが、この先進めていきたいことは？

甲州街道の両サイド、ササハタハツ(笹塚・幡ヶ谷・初台)エリアは重点的に考えていきたいですね。渋谷区の住民の過半数を占める〝ザ・生活〟といえる地域で、渋谷駅前のような商業的な開発ではなく、住む人にとっての開発があるはず。ラストワンマイルの新たな交通手段とか、高齢者の買い物サポートとか……。今、いろいろなアイデアや知見を集めているところです。

――駅前再開発とは違ったプレイヤーやパートナー企業にも参加してほしいですよね。

渋谷区だということを忘れられがちな地域なの

で、そこまで渋谷のカルチャーを広げていきたいですね。参宮橋とか西原のあたりには新しいお店もできて、その空気感がだいぶ感じられるようになりました。明治神宮につながる西参道の活性化や、首都高の下に文化を発信できる拠点をつくることなども検討しています。

――では、区長が考える「渋谷のカルチャー」を具体的に言うと？

「混ざり合って新しいものを生み出していく」ことだと思います。渋谷は東京の下町とは違って、ここ100年ほどでできた街。1920年には明治神宮、戦後には在日米軍施設のワシントンハイツができて、文化がハイブリッドして発展してきた背景があります。今は、家賃も高くなってしまったけれど、そうなると今度はシェアオフィスみたいなものが登場して、またいろんな価値観を持った人が集まる。変わっていくことに対してポジティブだし、変化を厭わない、いい循環が起き始めていますよね。

――昔から多様性を受け入れてきた街なんですね。新しいものを受け入れる土壌があって、新しい人が入ってくるから、新しい価値観が生まれる。

一方で、明治神宮という変わらないものがあるのも渋谷の強み。次の100年には、明治神宮は浅草寺のような場所になると思っています。コロナが収束したら外国人も戻ってくるでしょうし、歴史を重ねることで故郷と感じる人も増えている。僕は渋谷区民3代目で、以前は「ゴミゴミしていて嫌だ」なんて思っていたけれど、海外から帰ってきたとき「いい街だなあ」と感じましたから(笑)。

――以前から「いい街とはシティプライドが集まる街」とおっしゃっています。

住んでいる人も働いている人も訪れる人も、多様性を大事にするし、多様なシティプライドが集まる。そして、常に新しい〝カウンターカルチャー〟が生まれる。もしかしたら、そういう渋谷が持っている価値すらも、どんどん変化していくのかもしれないけれど。

SHIBUYA PEOPLE

「来れば何かがある」と思ってもらえる街でありたい

長谷部健
渋谷区長

SHIBUYA SCRAMBLE SQUARE

あとがき
多様なまち「渋谷」の未来デザイン

都市計画やまちづくりの方式を音楽になぞらえるならば、いわゆるヨーロッパなどの先進国の都市計画は、クラシックといえるかもしれません。クラシックは、詳細な譜面があり、事前の練習を通じて指揮者が個性を調整し、全体としてオーケストレーションを高める方式です。事前の詳細な規定(楽譜=都市計画の規制)にもとづいて、さらにディレクター(指揮者=自治体プランナー)が、全体のハーモニーを生み出し、高めるようにディレクションするのですから。

一方で、日本(特に東京)のまちづくりは、ジャズやフュージョンを指向しているのかもしれません。事前には簡単な楽譜かコード進行しかなく、指揮者もいない状況で、奏者たちが何度となく練習を積むことで、即興的にハーモニーを奏でる。

日本(東京)のまちづくりのマスタープランには、詳細な規定はありません。用途地域も先進国に比較すれば緩いものですし、多くの地区では、建築物や開発の形態を決定するような詳細な規定はありません。そして、自治体もディレクターや指揮者というよりは、都市をつくる仲間として、事業者を支援するといった立ち位置なのかもしれません。

こうしたジャズのようなスタイルをとるまちづくりでは、個々の事業者(大手から個人まで)が、緩い枠組みのなかで開発しますから、「絶妙なハーモニー」を醸し出すことは、簡単ではありません。お互いが何を考え、こうすればこうなるだろうという予見や予測を奏者たち(事業者や行政、地域の関係者たち)が共有できていなければ、ハーモニーとはならず、単なる不協和音、雑音に陥る可能性があります。

渋谷の「まちづくり」では、多様な人と人の網の目のようなつながりが、ハーモニーを奏でるためにうまく役立ったのでしょう。一部ではありますが、本書ではそうした「人」にご登壇、お話しいただきましたから、渋谷の「まちづくり」の網の目の様子、素晴らしさをみなさまに感じ取っていただけたらうれしく思います。

コード進行に加えて各セクション、各奏者に求める役割をより明確にするような、いわば譜面を充実させる取り組み、つまり、「渋谷駅周辺整備ガイドプラン21」「渋谷駅中心地区まちづくりガイドライン2007」「渋谷駅中心地区まちづくり指針2010」「渋谷駅周辺まちづくりビジョン」など一連の計画・指針を、区や学識経験者を中心に協議・調整しつつ作成することも、ハーモニーを醸し出すことに大いに役立っていました。

また、こうした一連の取り組みが、渋谷駅中心地区デザイン会議のような(ディレクター的に)デザイン調整を行う新たな組織を生み出し、さらには人と人の網の目をより多様に、密にすることにも役立ったのではないかと感じます。

渋谷未来デザインとしては、このような「ジャズ」をさらに進化させハーモニーを醸しながら、生み出されてきた「新しい器」と、以前からある「古い」けれども見方によっては「魅力的な器」に、どのような意味を持たせるのかを、これから考え、また実践してゆきます。

場所場所のもつ意味が人々にとって多様であり、また様々な新しい場所の意味を、多様な人々が生み出していることが渋谷の強み。「新旧の器」は、次のステージの協奏まちづくりにとって譜面の役割を果たすことになるでしょう。その器の中で、より渋谷らしい、個性が際立ったハーモニーを生み出すことに、多くのみなさんと一緒に取り組んでいきたいと思います。

渋谷未来デザイン代表理事　小泉秀樹

プロジェクトデータ

渋谷ヒカリエ

□ 事業主体：渋谷新文化街区プロジェクト推進協議会
□ 設計：日建設計・東急設計コンサルタント共同企業体
□ 敷地面積：9,640.18㎡
□ 延床面積：144,545.75㎡
□ 主要用途：商業、オフィス、文化施設
□ 階数：地下4階、地上34階、塔屋2階
□ 開業：2012年4月

渋谷ストリーム

□ 事業主体：東急、鈴基恒産、名取康治、名取政俊、山善商事、叶不動産、
渋谷丸十池田製パン、清風荘平野ビル
□ 設計：東急設計コンサルタント
□ デザインアーキテクツ：シーラカンスアンドアソシエイツ（CAt）
□ 敷地面積：7,109.93㎡（一団地全体／地権者ビル含む）934.36㎡（A棟）、
4,774.52㎡（B-1棟）、487.14㎡（C-1棟）、524.43㎡（D棟）
□ 延床面積：118,379.92㎡（一団地全体／地権者ビル含む）7,214.18㎡（A棟）、
108,376.68㎡（B-1棟）、21.42㎡（C-1棟）、375.93㎡（D棟）
□ 主要用途：ホール、飲食店舗、駐車場（A棟）
事務所、ホテル、飲食店舗、物販店舗、駐車場（B-1棟）
昇降機（C-1棟）　通路など（D棟）
□ 階数：地下4階、地上7階、塔屋1階（A棟）　地下4階、地上36階、塔屋3階（B-1棟）
地上2階（C-1棟）　地下2階、地上2階（D棟）
□ 竣工：2018年8月

渋谷スクランブルスクエア

□ 事業主体：東急、JR東日本、東京メトロ
□ 設計：渋谷駅周辺整備計画共同企業体
（日建設計・東急設計コンサルタント・JR東日本建築設計・メトロ開発）
□ デザインアーキテクツ：日建設計、隈研吾建築都市設計事務所、SANAA事務所
□ 敷地面積：15,275.55㎡
□ 延床面積：第Ⅰ期（東棟）約181,000㎡　第Ⅱ期（中央棟・西棟）約96,000㎡
□ 主要用途：物販店舗、飲食店舗、事務所、展望施設、駐車場など
□ 階数：第Ⅰ期（東棟）地下7階、地上47階　第Ⅱ期（中央棟）地下2階、地上10階
第Ⅱ期（西棟）地下5階、地上13階
□ 竣工：2019年8月（第Ⅰ期）、2027年度予定（第Ⅱ期）

渋谷フクラス

□ 事業主体：道玄坂一丁目駅前地区市街地再開発組合
□ デザインアーキテクト：手塚建築研究所
□ マスターアーキテクト：日建設計
□ 設計：清水建設
□ 敷地面積：3,335.53㎡
□ 延床面積：58,970.27㎡
□ 主要用途：事務所、物販店舗、飲食店舗、サービス店舗、銀行の支店、自動車車庫など
□ 階数：地下4階、地上19階、塔屋2階
□ 竣工：2019年10月

渋谷パルコ・ヒューリックビル

□ 事業主体：宇田川町14・15番地区第一種市街地再開発事業個人施行者パルコ
□ 設計：竹中工務店
□ 敷地面積：5,385.95㎡
□ 延床面積：63,856.03㎡
□ 主要用途：店舗、劇場、事務所
□ 階数：地下3階、地上19階、塔屋1階
□ 竣工：2019年10月

MIYASHITA PARK

□ 事業主体：渋谷区、三井不動産
□ 設計：竹中工務店
□ プロジェクトアーキテクト：日建設計
□ 敷地面積：4,515.29㎡（北街区）、6,225.18㎡（南街区）
□ 延床面積：29,764.51㎡（北街区）、16,193.81㎡（南街区）
□ 主要用途：都市計画公園、都市計画駐車場、商業施設、ホテル
□ 階数：地下2階、地上18階、塔屋1階（北街区）、地上4階（南街区）
□ 竣工：2020年4月

渋谷区立北谷公園

□ 事業主体：渋谷区、東急
□ 設計：（基本設計・デザイン監修）日建設計、（実施設計）東急建設
□ 敷地面積：961.53㎡
□ 延床面積：295.98㎡
□ 主要用途：公園、飲食店
□ 階数：地上2階
□ 竣工：2021年4月

渋谷駅桜丘口地区第一種市街地再開発事業

□ 事業主体：渋谷駅桜丘口地区市街地再開発組合
□ デザインアーキテクト：古谷誠章、ナスカ一級建築士事務所、日建設計
□ 設計：（基本・実施設計）日建設計、ナスカ一級建築士事務所、日建ハウジングシステム、
大岡山建築設計研究所、（変更実施設計）鹿島・戸田建設共同企業体
（A街区：鹿島建設一級建築士事務所、B・C街区：戸田建設一級建築士事務所）
□ 敷地面積：約16,970㎡　約8,070㎡（A街区）、約8,480㎡（B街区）、約420㎡（C街区）
□ 延床面積：約254,700㎡　約184,720㎡（A街区）、約69,160㎡（B街区）、約820㎡（C街区）
□ 主要用途：事務所、店舗、起業支援施設、駐車場等（A街区）
住宅、事務所、店舗、サービスアパートメント、駐車場等（B街区）　教会等（C街区）
□ 階数：地下4階、地上39階（A街区）　地下1階、地上30階（B街区）　地上4階（C街区）
□ 竣工：2023年度予定

□ 写真クレジット

渋谷スクランブルスクエア
P17左上, P25右, P33右, P34-35, P53上, P56 2点, P60-61, P107右, P114右下, P220下
渋谷ストリーム
P10右上, P17右下, P25中, P32左, P47, P220中
Shibuya Hikarie
P17右上, P24, P32右, P43下, P114中右, P220上
渋谷駅前エリアマネジメント
P157中
東急株式会社
P2-3, P6背景, P6下（撮影：赤石定次）, P7背景・上, P8背景・上, P9背景, P10背景, P11背景, P106右・左, P107中右, P116上, P117 2点, P172-173
東急不動産株式会社
P17左下, P25左, P33左, P221上
PARCO
P128下（新渋谷パルコ1階 Discover Japan Lab 2019年11月時点）
東京メトロ
P168下
CAt
P43上
Tololo studio
P38
日建設計
P29 2点, P73上, P93, P143左上, P148左, P149右, P151下, P157下, P168上, P180下
新建築
P111中左, P129下, P157上, P177, P221上から2点目（撮影：新建築社写真部）
エスエス
P10左上（エスエス東京）, P46
ナカサアンドパートナーズ
P10下, P111上
渋谷未来デザイン
P114右上, P191 2点, P193 2点, P194 2点, P195 2点, P196 2点, P197, P198 2点, P199 2点, P206-207 4点, P208
広川智基
P12-13, P14-15, P16-17, P18-19, P36, P39, P40, P41, P58, P68-69背景, P69 2点, P71 4点, P73中・下, P74-75, P76, P78, P79, P80-81, P82, P83, P88, P89, P90, P91, P92, P95下, P96, P98, P99, P100左上, P101 3点, P107中左, P111中右, P114左上, P116下, P118, P119, P120下, P121, P122右, P124, P125, P126, P128上, P129上, P130, P132, P133, P134, P135, P137 2点, P138, P140, P141 4点, P143右上・右下, P148右, P149左, P160-161, P162, P164, P165 2点, P166, P167, P170, P174, P175, P178, P179, P180上, P182P, P184-185, P212, P214, P215, P216右上・左上・右中・右下・左下, P217右上・左上, P218-219, P221上から4点目
玉越信裕
P20-21, P44, P48, P50, P51, P54, P55, P200, P202, P203, P204, P205, P.210-211, P216中左, P217下
中戸川史明写真事務所
P143左下
堀内広治
P107左, P144-145, P221中
矢野心吾
P114左下
若林武志
P86, P95上
渡邊洵哉
P87
DAICI ANO
P122-123
momo/PIXTA（ピクスタ）
P102-103
共同通信社
P6上, P7下
アフロ
P8下, P9上2点, P11上・下
アマナイメージズ
P9下

□ 図版出典

P12-15下　SHIBUYA HISTORY
日建設計資料を元に作成
P.17　渋谷駅周辺開発全体図
日建設計資料を元に作成
P17中下　渋谷駅桜丘口地区 外観イメージ
東急不動産株式会社提供
P24-25下　Shibuya×Design Chronology
日建設計資料を元に作成
P25上　渋谷駅中心地区デザイン会議 体制図
「渋谷駅中心地区大規模建築物等に係る特定区域景観形成指針」を元に作成
P27　渋谷スクランブルスクエア第Ⅰ期（東棟）頂部デザインの変遷
「渋谷駅中心地区デザイン会議協議内容について」を元に作成
パース3点は渋谷駅街区共同ビル事業者提供
P28-29背景　図面
日建設計提供
P31　アーバン・コアの断面パース
日建設計作成
P53下　渋谷駅周辺完成イメージ
渋谷駅前エリアマネジメント提供
P64-65下　Shibuya×Community Chronology
日建設計資料を元に作成
P64右
「渋谷駅周辺整備ガイドプラン21（概要版）」表紙より転載
P64中
「渋谷駅中心地区まちづくりガイドライン2007」表紙より転載
P64左
「渋谷駅中心地区まちづくり指針2010」表紙より転載

P65
「渋谷駅周辺まちづくりビジョン」表紙より転載
P65　渋谷駅まちづくり調整会議　体制図
「第45回 渋谷駅周辺地域の整備に関する調整協議会」を元に作成
P66 図版4点　2012年当時の様子（左）と
将来の整備イメージ（右）
「渋谷駅中心地区基盤整備方針」P9.10より転載
P67上　歩行者ネットワークの考え方（東西断面）
「渋谷駅中心地区まちづくり指針2010」を元に作成
P67下　まちづくり指針の対象範囲
「渋谷駅中心地区まちづくり指針2010」を元に作成
P71　中央街荷捌きルールとプロモーション
日建設計資料を元に作成
P100右上　渋谷駅桜丘口地区 外観イメージ
東急不動産株式会社提供
P100右下　渋谷駅桜丘口地区
補助線街路第18号上空横断橋イメージ
東急不動産株式会社提供
P100左下　渋谷駅桜丘口地区
アーバン・コアのイメージ（西口国道デッキより望む）
東急不動産株式会社提供
P106-107　Shibuya×Public Space Chronology
日建設計資料を元に作成
P108-109　渋谷川の整備イメージ
東急株式会社提供
P111　新渋谷パルコ パブリックスペースのアクソノメトリック
竹中工務店提供の図面を元に日建設計作成
P112-113　MIYASHITA PARK立面
日建設計、日本設計作成
P114　今、渋谷の“屋上”が面白い!?　屋上MAP
日建設計作成
P142
日建設計資料を元に作成
P148-149下　Shibuya×Management Chronology
日建設計資料を元に作成
P149上　エリアマネジメント 活動メニュー
SHIBUYA＋FUN PROJECTホームページを元に作成
P151上　課題調整シート
日建設計作成
P151-152背景　工事スケジュール
日建設計加工・提供
P153　工事中サインの基本ルールと統一ポスター
日建設計資料を元に作成
P155　エリアマネジメント 体制図
SHIBUYA＋FUN PROJECTホームページを元に作成
P159　サステナブルなまちづくりの仕組み
一般社団法人渋谷駅前エリアマネジメント提供
P189　渋谷未来デザインの組織図/組織の概要
渋谷未来デザイン資料を元に作成
P221下　渋谷駅桜丘口地区第一種市街地再開発事業 外観
東急不動産株式会社提供

□ 参考文献

【行政資料】
渋谷区基本構想
渋谷駅周辺整備ガイドプラン21
渋谷駅中心地区まちづくりガイドライン2007
渋谷駅中心地区まちづくり指針2010
渋谷駅周辺まちづくりビジョン
渋谷駅中心地区基盤整備方針
【書籍・雑誌ほか】
『アースダイバー』中沢新一（講談社）
『駅まち一体開発 TOD46の魅力』
日建設計駅まち一体開発研究会（新建築社）
『環境貢献都市 東京のリ・デザイン 広域的な環境価値
最大化を目指して』浅見泰司、中井検裕ほか（清文社）
『私鉄3.0 沿線人気No.1 東急電鉄の戦略的ブランディング』
東浦亮典（ワニブックスPLUS新書）
『シブヤ遺産』村松伸（バジリコ）
『渋谷学』石井研士（弘文堂）
『渋谷区史』（東京都渋谷区）
『渋谷の秘密』（パルコ出版）
『渋谷の記憶 写真でみる今と昔』I～IV（渋谷区教育委員会）
『新修渋谷区史』中巻・下巻（東京都渋谷区）
『図説渋谷区史』（東京都渋谷区）
『鉄道が創りあげた世界都市・東京』
矢島隆、家田仁（計量計画研究所）
『東京から考える 格差・郊外・ナショナリズム』
東浩紀、北田暁大（NHK出版）
『東京圏の鉄道のあゆみと未来』監修：森地茂、
編著：東京圏鉄道整備研究会（運輸総合研究所）
『東京大改造マップ2020-20XX』（日経BP社）
『東京の都市計画』越沢明（岩波新書）
『都市のドラマトゥルギー 東京・盛り場の社会史』吉見俊哉（河出文庫）
『パブリックコミュニティ 居心地の良い世界の公共空間
[8つのレシピ]』　三井不動産S&E総合研究所（宣伝会議）
『新建築』2012年7月号／2018年11月号／2019年12月号
／2020年1月号／2020年9月号（新建築社）
『新建築』2017年9月別冊　URBAN ACTIVITY 都市のアクティビティ
日建設計のプロセスメイキング（新建築社）
『新建築』2020年10月別冊　58 Public Spaces in Tokyo
Cooperative Design for New Urban Infrastructure（新建築社）
『渋谷駅周辺開発FACT BOOK』（東急株式会社、東急不動産株式会社）
『Greater SHIBUYA 1.0-2020』（東急グループ）
『NIKKEN JOURNAL』2020 SPRING（株式会社日建設計）
【Webサイト】
渋谷区公式サイト
https://www.city.shibuya.tokyo.jp
渋谷フォトミュージアム
https://shibuyaphotomuseum.jp/
渋谷再開発情報サイト
https://www.tokyu.co.jp/shibuya-redevelopment/
SHIBUYA +FUN PROJECT
https://shibuyaplusfun.com/
Shibuya Info Box
https://shibuyaplusfun.com/infobox/
渋谷文化プロジェクト
https://www.shibuyabunka.com/

一般社団法人 **渋谷未来デザイン**

「ちがいを ちからに 変える街。渋谷区」を未来像に掲げる渋谷区と連携し、2018年に設立。ダイバーシティとインクルージョンを基本に、渋谷に住む人、働く人、学ぶ人、訪れる人など、渋谷に集まる多様な個性と共創しながら社会的課題の解決策と可能性をデザインする、産官学民イノベーションプラットフォーム。多様性あふれる未来に向けた世界最前線の実験都市「渋谷区」をつくるため、企業・市民と共に多様なアプローチで、課題解決のみではない"可能性開拓型"のプロジェクトを推進し、渋谷区から都市の可能性をデザインしている。

小泉秀樹(代表理事)

1964年東京都生まれ。東京大学大学院工学系研究科都市工学専攻博士課程修了。2013年より東京大学教授。2018年より渋谷未来デザイン代表理事に就任。研究成果をふまえつつ多くの市民団体、自治体とまちづくり・コミュニティデザインの実践に取り組んでいる。また都市計画提案制度の創設に関わる。グッドデザイン賞など受賞多数。

出版企画委員会

渋谷未来デザイン 大澤一雅、長田新子、小泉秀樹
リライト 井上健太郎、岩阪英将、大平瑠衣
日建設計 奥森清喜、金行美佳、篠塚雄一郎、飛田早苗、日高由紀子、福田太郎、諸隈直子

出版企画協力

日建設計 伊藤雅人、姜忍耐、久谷理紗、小実健一、杉田想、藤原研哉、三井祐介、宮本裕太、和田雄樹

変わり続ける! シブヤ系まちづくり

2021年11月20日 初版第1刷発行

編・著 一般社団法人 渋谷未来デザイン
企画・構成 株式会社日建設計、株式会社リライト
構成・編集 リライトW
デザイン 青木宏之(Mag)
イラスト 高橋潤
DTP・図版 リライトS
校閲 鷗来堂
印刷・製本 シナノ印刷株式会社
発行者 岡田澄江
発行 工作舎 editorial corporation for human becoming
〒169-0072 東京都新宿区大久保2-4-12 新宿ラムダックスビル12F
phone: 03-5155-8940 fax: 03-5155-8941
URL: www.kousakusha.co.jp
e-mail: saturn@kousakusha.co.jp

ISBN978-4-87502-533-7